Edgar K. Geffroy

Das Ende der Geschäftsmodelle

Edgar K. Geffroy

Das Ende der Geschäftsmodelle

Neue Strategien für eine disruptive Welt

REDLINE | VERLAG

Bibliografische Information der Deutschen Nationalbibliothek
Die Deutsche Nationalbibliothek verzeichnet diese Publikation in der Deutschen Nationalbibliografie. Detaillierte bibliografische Daten sind im Internet über http://dnb.d-nb.de abrufbar.

Für Fragen und Anregungen:
lektorat@redline-verlag.de

1. Auflage 2018

Nymphenburger Straße 86
D-80636 München
Tel.: 089 651285-0
Fax: 089 652096

Redaktion: Jordan T. A. Wegberg, Berlin
Umschlaggestaltung: Pamela Machleidt, München
Umschlagabbildung: Shutterstock.com/naKornCreate
Satz: inpunkt[w]o, Haiger (www.inpunktwo.de)
Druck: GGP Media GmbH, Pößneck
Printed in Germany

ISBN Print 978-3-86881-708-9
ISBN E-Book (PDF) 978-3-96267-024-5
ISBN E-Book (EPUB, Mobi) 978-3-96267-025-2

Weitere Informationen zum Verlag finden sie unter

www.redline-verlag.de

Beachten Sie auch unsere weiteren Imprints unter www.m-vg.de

Inhalt

Einleitung

Eine Eins in Deutsch

Die derzeit wichtigste Frage, die Wirtschafts- und politischen Experten bereits seit Jahren gleichermaßen auf der Seele und unter den Nägeln brennt, lautet: Warum hat das hochintelligente Deutschland keine Antwort auf Silicon Valley? Eine ganze Nation sucht händeringend nach der Antwort auf diese Frage, denn es geht um nicht weniger als unsere Zukunft, unsere Position auf der Weltrangliste der Wirtschaftsnationen.

Schließlich haben neben den USA auch andere Länder das Zeug dazu, uns in Sachen Digitalisierung auf Abstand zu halten. Die Bedrohung trägt längst Früchte: Das Internet findet zum größten Teil ohne uns statt. In der daraus entstandenen Cloud haben wir nicht nur wenige, sondern überhaupt keine Aktien. Und auch bei der neuen Blockchain-Technologie sind wir bestenfalls Mitläufer.

Wir sind mittendrin im digitalen Wandel. Leider haben wir uns in weiten Teilen für den Part des Zuschauers entschieden. Bühne und Applaus überlassen wir sowohl im Internet als auch auf dem Smartphone lieber den anderen. Die neuen Technologien bauen aufeinander auf – und wir hängen davon ab. Wir scheinen verloren, wenn wir dieses Dilemma weiterdenken, denn die nächste logische Frage muss lauten: Wie sollen wir bei künftigen Technologien überhaupt noch einen Fuß in die Tür des Erfolgs bekommen, wenn »the next big thing« jedes Mal auf den jeweils bestehenden Technologien aufbaut?

Die Suche nach der Antwort kannte bisher nur ein Rezept: Unternehmen ließen Topmanager und hochkarätige externe Wirtschaftsexperten im Silicon Valley ausschwärmen – mit dem Auftrag, die dortigen Geschäftsmodelle zu analysieren, um sie dann in unseren digitalen Hochburgen Berlin, München, Hamburg, Köln und Dresden zu installieren. Doch mag sich in digitalen Zeiten auch vieles wandeln: Erfolg durch Kopie wird nach wie vor seine Grenzen haben. Der gut bestückte Copyshop von Rocket Internet beweist das ganz ausgezeichnet.

Es sind in der Wirtschaft immer die Pioniere, die sich am Ende durchsetzen, denn sie haben nicht nur einen wertvollen Wissensvorsprung, sondern verfügen auch über den Umsatzgenerator Nummer eins, der gerade heute wertvoller denn je ist: Vertrauensvorsprung bei den Kunden, die gerade in der digitalen Welt Pionierleistungen mit Standing Ovations und Klicks honorieren.

Auch das ist eine Begleiterscheinung des Wandels – und gleichzeitig die größte Chance für die digitalen Player, die den Markt noch gar nicht betreten haben. Kunden haben heute keine Angst mehr vor dem Neuen, sondern umarmen es. Es reicht die Bereitschaft von Gründern, das Neue auszuprobieren, weil ein Interessent damit schon mehr ist als ein halber Kunde. Wir haben uns längst von Kundenzufriedenheitsstudien verabschiedet, denn der Kunde kann nicht bewerten, was er nicht kennt. Eine Marktforschung für das iPhone wäre mit hoher Sicherheit gefloppt: Damals konnte sich niemand vorstellen, den größten Teil des Tages mit dem Tippen auf einem Display zu verbringen. Ein Jahrzehnt später kann sich keiner mehr an das Leben davor erinnern.

Doch die Entscheider in den Großunternehmen beharren auf ihren teuer erkauften Analysen. Und so werden Kickertische, Flipperautomaten, Tischtennisplatten und Sitzsäcke in den Entwickleretagen installiert, um den inspirierenden Geist von Silicon Valley durch die muffigen Flure wehen zu lassen. Kleine Achtungserfolge sind tatsächlich hier und dort zu verzeichnen, aber seien wir ehrlich: Diese Erfolge blenden, denn in der Zwischenzeit hat das echte Silicon

Valley bereits die nächsten Stufen der Umsatzrakete gezündet. Dort kann man es mittlerweile durchaus vom Tellerwäscher zum Milliardär bringen.

Auch mich hat die Frage nach dem Warum getrieben und mir so manche schlaflose Nacht bereitet. Schließlich bin ich als Unternehmensberater und Wirtschaftsautor immer auf der Suche nach dem nächsten logischen Schritt, der meinen Kunden in ihrem Segment die Poleposition sichert. Ich habe allerdings bei meiner Suche nach einer Antwort nicht auf eine Kalifornien-Rundreise gesetzt, sondern das Problem an der Wurzel analysiert: in Deutschland. Hier habe ich die Antwort auch gefunden, und ich möchte sie nicht erst am Ende des Buches, sondern bereits in der Einleitung präsentieren, denn in diesem Buch geht es um die Auswirkungen und die neuen Möglichkeiten, die dieses Wissen generiert.

Ein Blick auf den Globus führt uns die überschaubare Größe Deutschlands gnadenlos vor Augen. In Relation dazu glänzt unsere wirtschaftliche Bilanz der letzten 70 Jahre mit beeindruckenden Zahlen. Sie basieren auf kontinuierlichem Wachstum, und Wachstum baut immer auf dem auf, was man am besten kann. In unserem Fall sind das gleich zwei Talente: das Ingenieurwesen, das sowohl den Maschinen- und Anlagenbau als auch den Automobilbau groß gemacht hat, und die Wissenschaft, die uns einen Spitzenplatz in der globalen Hall of Fame der Chemie- und Pharmaindustrie beschert hat. Die Welt bewundert uns auch für unsere Hidden Champions, denn die diesbezügliche Liste glänzt durch Würze, nicht durch Kürze.

Doch warum haben bei uns weder Dichter noch Denker das Zeug dazu, Meilensteine in der digitalen Welt zu produzieren? Die deutschen Riesen, die uns in Sachen Computertechnologie auf Anhieb einfallen, sind Nixdorf (1968–1990), SAP (gegründet 1972) und Infineon (gegründet 1999). Seit dem Aufstieg des Internets schauen wir in Sachen Erfolgsgeschichten allerdings in den Röhrenmonitor.

Warum ist das so? Und warum ist die geballte deutsche Hochschulkompetenz nicht in der Lage, auch nur ein einziges Genie der Größenordnung Jobs, Zuckerberg, Gates, Musk, Bezos oder Page/Bryn auszuspucken, wie es den amerikanischen Eliteuniversitäten, allen voran Stanford, mit erstaunlicher und für uns geradezu beängstigender Regelmäßigkeit gelingt?

Die drei vorgeschobenen Schlüsselantworten lauten bis heute:

1. Weil wir den Gründern nicht die notwendigen Rahmenbedingungen bieten, um sich zu entfalten. Bereits der Prozess des Gründens dauert hier Monate der Frustration, während er in den USA ein zehnminütiger Onlinespaß ist. Wer in Deutschland mit Enthusiasmus from scratch startet, wird vom Amtsschimmel auf den Boden der Tatsachen abgeworfen.

2. Weil Wagniskapitalgeber Investitionen scheuen, obwohl sie seit Jahren sehen, dass es auch im heiligen Land der Bits and Bytes nur mit Milliarden und Abermilliarden funktioniert.

3. Weil unsere verbohrte Fehlerkultur nicht mehr zeitgemäß ist und Gescheiterten keine zweite Chance bietet – und viele Talente deshalb von einer Unternehmensgründung Abstand nehmen. In Silicon Valley weiß jeder, dass von zehn Start-ups mindestens neun scheitern. Und trotzdem versuchen es täglich Unzählige.

Alle drei Antworten mögen Spuren von Wahrheit enthalten, aber ich habe sie im Rahmen meiner Überlegungen nicht gelten lassen. Denn zum einen müssten unsere Wirtschaftsblätter regelmäßig über deutsche Genies berichten, die sich in San Francisco niedergelassen und dort ihren Traum verwirklicht haben, und zum anderen müssten auch bei einer Scheiterrate von 90 Prozent, wie wir sie aus Kalifornien kennen, 10 Prozent der deutschen Gründer ganz oben mitmischen. Dann wären wir dem Silicon Valley nahezu ebenbürtig.

Die richtige Antwort fand ich an einem Samstagabend. Meine Frau hatte Karten fürs Kino besorgt, doch meine Begeisterung hielt sich in Grenzen, als sie erwähnte, dass es ein Musical sei. Auf meine Frage, ob es von singenden Löwen oder von rollschuhlaufenden Lokomotiven handelt, verriet sie nur so viel: »Es geht um Hollywood und Jazz«, womit sie in mir auch den letzten Funken Hoffnung auf gute Unterhaltung erstickte. Wie sehr man sich doch irren kann, wenn einem auf Entscheiderebene wichtige Informationen fehlen, denn ich wurde an diesem Abend mehr als begeistert.

Sie haben es vermutlich längst erraten. Es war das Filmmusical *La La Land,* in dem sich zwei junge Künstler ineinander verlieben: die Schauspielerin Mia, die sich erfolglos von Casting zu Casting hangelt, und der Jazzpianist Sebastian, der von einem eigenen Klub träumt und sich mit Nebenjobs als Restaurantpianist und Party-Keyboarder über Wasser hält. Ein cineastischer Leckerbissen – farbenfroher, als das Wort »Technicolor« erahnen lässt, und bis zum Abspann voll mit großen Gefühlen, fantastischer Musik, ebensolchen Licht- und Kameraexperimenten und atemberaubender Choreografie. Eine beeindruckende Hommage an die Klassiker des Genres, aber dennoch völlig neu – und eine Story zum Niederknien. Hollywood halt. So, wie wir es kennen. Und doch so anders.

Es war die letzte schlaflose Nacht, denn die Antwort auf die eingangs gestellte Frage war gefunden, und sie ist erschreckend einfach: Wir verfügen nicht über die Form von Kreativität, die erforderlich ist, um große digitale Ideen zu generieren, die der Welt auch tatsächlich einen Mehrwert bieten. Einen Mehrwert, der so groß ist, dass er Jahr für Jahr Milliarden erzeugt. Mit viel Luft nach oben. Die uns anerzogene Kreativität ist eine andere, aber ebenso wertvolle, und sie produziert Meilensteine auf Gebieten abseits des digitalen Epizentrums.

Amerika, insbesondere Kalifornien, hat ein Gespür für Ideen, die senkrecht starten – und ist deshalb ein Magnet für all diejenigen, die diese Form der Kreativität in sich tragen und daheim dafür als größenwahnsinnige Spinner belächelt werden. Diese Form der Kreativität beruht auf dem amerikanischen Geist, der nicht in Worte zu fassen war, bis Apple ihm mit dem Slogan »Think different« einen passenden Stempel aufdrückte. Es ist eine künstlerische Form von Kreativität, die dafür sorgt, dass sich Kunden, auch wenn sie »Zuschauer« heißen, begeistern lassen. Es ist dieselbe Kreativität, die das Internet zum erfolgreichsten Massenmedium aller Zeiten macht – eine einzigartige Kombination aus Fantasie und Einfallsreichtum, die auch Disney World, Las Vegas und den Broadway möglich gemacht hat. Und vielleicht sogar die Wall Street.

Ich spreche von der Fähigkeit, bewusst anders denken zu wollen und auch zu können. Von Querdenkern und Regelbrechern, die wir brauchen, wenn wir neue Strategien entwickeln.

La La Land hat mir gezeigt, dass auch ein Film nichts anderes ist als ein Start-up: Beide Projekte müssen nicht nur perfekt produziert werden, sie müssen auch vor Produktionsbeginn in ihrer jeweiligen Gesamtheit von einem Visionär erdacht werden. Der fertige Film muss im Kopf einer einzigen Person bereits existieren, bevor ihm außerhalb des Kopfes Musik, Farben und Darsteller spendiert werden. Hier ist dann ein Team gefragt, das während des Aufbaus jede Nuance des großen Ganzen verbessert.

Das Filmgeschäft ist ein knallhartes Business, in dem es bei aller Romantik und Dramatik am Ende auch nur ums Geld geht. Und Hollywood hat neben der Symbolkraft noch etwas anderes mit dem Silicon Valley gemein: die Scheiterrate. Wenn im Jahr mehrere 250 Millionen Dollar teure Blockbuster an der Kinokasse versagen, bebt die Erde nicht nur in Hollywood, sondern auch in den Büros der Filmbosse. Die aufwendigen Produktionen der Pay-TV-Sender, von Netflix und Amazon leisten mittlerweile einen nicht zu unterschätzenden Beitrag. Bildreicher und dramatischer können disruptive Kräfte nicht präsentiert werden.

Und trotzdem: *La La Land* wurde zwar mit Oscars überschüttet, ist aber gleichzeitig nur einer von vielen Tausend Blockbustern, die uns in den letzten Jahrzehnten begeistert haben. Und seien Sie ehrlich: Wie vielen deutschen Köpfen trauen Sie diese Form der Kreativität, diese Schaffenskraft, tatsächlich zu? Hätten auch die Macher von *GZSZ, Traumschiff* oder *Tatort* Serien wie *Breaking Bad, Game of Thrones* oder *Die Simpsons* erschaffen können? Meine Antwort lautet Nein, denn – und das ist keineswegs böse gemeint – unseren Film- und Fernsehschaffenden mangelt es nicht nur an der notwendigen Kreativität, sondern auch an der Qualität der erforderlichen Zutaten. Wie vielen deutschen Sängerinnen und Sängern, Schauspielerinnen und Schauspielern würden Sie das Prädikat »Weltklasse« verleihen? Was haben wir kreativen Performern wie Michael Jackson, Beyoncé, Meryl Streep oder Jack Nicholson entgegenzusetzen?

Wir sollten uns auf unsere Stärken konzentrieren, denn davon haben wir eine ganze Menge, um die uns die Welt seit Jahrzehnten beneidet. Geben wir es ruhig zu: Unsere Stärke liegt nun einmal nicht im Erdenken von milliardenschweren Apps, sondern eindeutig in der Digitalisierung der Industrie. Wir sind führend in der Entwicklung von digitalen Schnittstellen, die Maschinen und Robotern beibringen, wie man mit unglaublicher Präzision auch mikromillimeterkleine Schritte ausführt.

Entsenden amerikanische Unternehmen deshalb Heerscharen von Managern nach Baden-Württemberg, um unseren Maschinenbau zu erforschen? Oder um unseren Autobauern das Geheimnis der perfekten Spaltmaße zu entlocken und dann die Arbeiter an den Montagebändern von Detroit mit deutschen Schlagern zu motivieren? Weht der Duft von Currywurst und Sauerkraut durch die Denkfabriken der amerikanischen Maschinenbauer? Versucht sich Michael Phelps im Abfahrtslauf oder im Fingerhakeln? Wer auf seinem Gebiet führend ist, wird sich mit Experimenten auf fremdem

Parkett keinen Gefallen tun. Und seinen Aktionären erst recht nicht.

Das führt zu einer neuen Frage, die uns alle in Zukunft beschäftigen soll: Möchten wir uns weiterhin nach Kräften bemühen, unsere Schwächen zu stärken, um kleine Krumen vom digitalen Kuchen abzubeißen? Oder perfektionieren wir stattdessen lieber unsere Stärken, die auch in Zukunft auf der ganzen Welt für gutes Geld gefragt sein werden?

Schließlich besteht die Welt nicht nur aus Apps, Vergleichsportalen und Fitnesstrackern. Landmaschinen, alternative Antriebe und bodenfreundliche Düngemittel sind angesichts einer wachsenden Erdbevölkerung und steigender Umweltschäden Must-haves, um angemessen auf die künftigen Entwicklungen reagieren zu können. Wer entwickelt zuerst eine Antwort auf das Herbizid Glyphosat? Wem gelingt der Durchbruch in der Krebsforschung? Und ziert die erfolgreichste Batterie von morgen wirklich das Logo von Tesla? Wir vermarkten beispielsweise den ersten Panzer, der Menschenleben rettet. Das ist eher analog als digital – aber gleichzeitig auch ziemlich disruptiv. Und wir erhalten Anfragen aus der ganzen Welt.

In den Dialogen von *La La Land* finden sich zwei Schlüsselsätze, die mir die Augen geöffnet haben, denn sie passen nahtlos in die Businesswelt von heute. Es sind zwei absolut gegenteilige Meinungen, die interessanterweise beide für sich gesehen absolut richtig sind und deshalb die Dramatik des gesamten Films tragen. Als Unternehmer oder Manager können Sie Ihren persönlichen Interpretationen freien Lauf lassen und selbst entscheiden, welche dieser Meinungen Sie zu Ihrer Unternehmensphilosophie hinzufügen.

In der ersten dieser beiden Szenen unterhält sich Sebastian, der den klassischen Jazz verehrt, mit seinem Bandleader Keith, der das Neue wagt, indem er Jazz mit elektronischen Beats und souligen

Rhythmen mischt und damit erfolgreich den Nerv der Zeit trifft. Keith stellt ihm folgende entlarvende Frage: »Wie willst du ein Revolutionär sein, wenn du so an den Traditionen hängst?«

In einer späteren Szene offenbart Sebastian seiner Freundin, dass er wegen der Tournee mit Keith seinen Traum vom eigenen Klub aufgibt. Sein emotionales Argument: Die Leute lieben den reinen Jazz nicht mehr – und deshalb wird vermutlich auch kaum jemand in den Klub kommen. Mia ist anderer Meinung: »Die Menschen werden kommen, weil du es mit Leidenschaft machst. Die Leute lieben es, wenn andere etwas mit Leidenschaft machen. Du erinnerst sie an ihre Träume.«

Bei welchem dieser Ansätze auch immer Sie Ihre persönliche Zukunft sehen: Die Welt, in der Sie Umsätze generieren möchten, ist in jedem Fall schon heute eine digitale. Und diese Welt legt keinen Wert mehr auf sture Geschäftsmodelle, die uns bis jetzt ohne Zweifel gute Dienste geleistet haben. Abläufe und Prozesse werden schneller und kurzfristiger, und deshalb wird Arbeit künftig in Projekten konzentriert mit dem Ziel, den Markt schnellstmöglich mit den gewünschten Leistungen zu bedienen. Wie bei einem Filmprojekt werden dazu die besten verfügbaren Experten gecastet und Produktionsteams für ein paar Monate zusammengestellt, um ein wettbewerbsfähiges Ergebnis auf die Businessleinwand zu zaubern. Wunscharbeitgeber werden den Digital Workplace der Zukunft für sich und ihre Mitarbeiter entdecken und neue Formen des kreativen Schaffens finden.

In einer digital gesteuerten Welt ist aber eines unverzichtbar: eine digitale Strategie, die einem optimalen Projektverlauf schon im Vorfeld den Boden bereitet. Welche Geschäftsmodelle bereits heute zusammenbrechen, weil sie nicht mehr gefragt sind, und welche in naher Zukunft die Bühne verlassen werden, weil disruptive Ideen sie dazu zwingen, möchte ich in den nächsten acht Kapiteln beleuchten.

Geben Sie bei der Entwicklung Ihrer digitalen Strategie Querdenkern und Regelbrechern die Chance, an den Grundfesten Ihrer Firma zu rütteln. Einer dieser Querdenker könnte ich sein, denn viele Ideen in diesem Buch haben das Potenzial, Ihren Blick in eine andere Richtung zu lenken. Lassen Sie uns gemeinsam darüber nachdenken, wie das Drehbuch für Ihr Unternehmen neu geschrieben werden könnte.

Film ab!

Kapitel 1: Das Ende der Digitalisierung

Aus »digital« wird »disruptiv«

Verweilen wir noch für einen kurzen Moment in Hollywood, denn es liegt ja in Anbetracht der Dimensionen und Entfernungen, die in den USA Maßstab sind, mehr oder weniger in direkter Nachbarschaft zum Silicon Valley. Nähe war schon immer ein guter Faktor für gegenseitige Befruchtung, auch in analogen Zeiten. Ich erinnere mich an eine Folge der *Simpsons,* in der die ganze Familie in der Kirche von Springfield einem Prediger lauscht. Als es zur Kollekte kommt, also zum inneren Showdown des geizigen Homer Simpson, spricht dieser einen plötzlichen Gedanken laut aus: »Wenn Gott Geld braucht, warum schreibt er nicht einfach eine weitere Bibel? Die erste hat sich doch eigentlich ganz gut verkauft ...«

Weil Amazon uns bis heute keine neue Bibel vorgeschlagen hat, können wir ziemlich sicher sein, dass Gott keine zweite geschrieben hat. Mark Zuckerberg war es, der uns mit Facebook das Buch der Bücher 2.0 ins digitale Regal gestellt hat. Haben Sie sich bei ihm dafür schon mit einem »Like« bedankt? Mark Zuckerberg war in den letzten 100 Jahren vermutlich nicht der Erste mit dem Ziel, die Menschen der Welt zu verbinden, und nicht der Erste, den dieser Gedanke begeistert und nicht mehr losgelassen hat.

Doch zwischen Idee, Traum und Begeisterung auf der einen und der Umsetzung auf der anderen Seite liegen bekanntlich Welten, und es galt schon immer die Formel »Je geringer die Möglichkeiten, desto höher die Anzahl der Welten«. Erst in der digitalen Welt konnte dieser Traum von der Vernetzung Realität werden. Digitalisierung definiere ich übrigens so: einen Nutzen für den Kunden schaffen, der ohne das World Wide Web nicht möglich gewesen wäre. So erklären sich viele Erfolgsmodelle der letzten Zeit von allein.

Der französische Schriftsteller Victor Hugo hat einmal gesagt: »Nichts ist mächtiger als eine Idee, deren Zeit gekommen ist.« Die Zeit der digitalen Idee ist jetzt, und dass diese Idee die Welt mächtig verändert hat und jeden Tag weiter verändert, erfährt jeder am eigenen Leib. Wir leben anders, wir arbeiten anders und wir handeln anders als noch vor 15 Jahren, ja wir denken sogar anders. Auch wenn es Computer schon seit Konrad Zuses Z3 aus dem Jahr 1941 gibt: Das iPhone war es, das 2007 die Tür in eine neue Welt so weit aufstieß, dass nicht nur Experten, Nerds und Early Adopters, sondern wir alle hindurchpassten.

Schaut man sich an, wie fünf Firmen – Google, Apple, Facebook, Amazon und Microsoft – in knapp zwei Jahrzehnten nicht nur die Welt, sondern auch unser persönliches Denken und Handeln komplett verändert haben, traut man sich kaum, in die Zukunft zu blicken. Doch wir müssen es zumindest versuchen, denn unsere Zukunft müssen wir selbst in die Hand nehmen, wollen wir uns nicht von den Big Five die Businessspielregeln von morgen diktieren lassen. Und genau darum geht es im Kosmos von Wandel, Digitalisierung und Disruption: Möglichst selbstbestimmt seinen Platz auf den Märkten von morgen zu finden und zu festigen.

Die Fortune-Global-500-Liste spricht Bände, aber auch in Rätseln, denn während wir immer wieder lesen, dass die Finanzchefs der Big Five kaum noch in Milliarden, sondern insgeheim schon eher in Billionen rechnen, sind andere Zahlen ernüchternder: Im Bereich Umsatz liegt mit Apple der erste der Big Five auf Platz 9, gefolgt von Amazon auf Platz 26, Googles Mutterkonzern Alphabet auf der 66 und Microsoft fast schon abgeschlagen auf der 70. Und das allmächtige, weltumspannende Facebook? Das Unternehmen aus Menlo Park war 2017 zum ersten Mal überhaupt seit seiner Gründung 2004 gelistet. Der Debütant findet sich aktuell in der Holzklasse auf Platz 393.

Aber kein Grund zur Beruhigung: Die Welt der Zahlen stellt sich völlig anders dar, wenn man den Marktwert betrachtet. Hier belegen die Big Five die Plätze 1 bis 5. Das ist wirklich »big«. Der größte Irrtum auf Unternehmerebene wäre, unbeeindruckt abzuwinken mit der Behauptung »Bei uns zählen nicht Werte, sondern Resultate«. Denn auch das ist eine Nuance des Wandels, mit der wir uns künftig arrangieren müssen: Nicht die Bilanz zeigt Werte an, sondern der Quotient aus Potenzial und Vision.

Und was lernen wir daraus? Zum einen natürlich, dass digital heute und mit Sicherheit auch morgen Trumpf ist. Das Digitale verändert auch das Analoge – das Stichwort »autonomes Fahren« soll hier stellvertretend für alle Veränderungen dieser Kategorie stehen. Zum anderen lautet die wesentliche Erkenntnis, dass sich im Parallelflug auch die Geschäftsmodelle ändern werden. Weil sie es müssen.

Schlagen wir nur kurz die Geschichtsbücher der Traditionsunternehmen auf: Brauchte es früher von der kleinen Ein-Mann-Werkstatt zum Weltkonzern mehrere Generationen, sprechen wir in der Zeit der Tech-Start-ups von einem überschaubaren Zeitraum von vielleicht fünf Jahren. Und noch wichtiger: Krempelten früher neue Generationen die Unternehmen ihrer Väter um und schlugen immer wieder neue Kurse ein, geht heute alles – von einem einzigen Kopf aus gedacht – in nur eine Richtung: nach oben.

Gefühlte 90 Prozent der Veränderungen gehen allein von den Big Five aus. Und wenn mal ein Tag vergeht, an dem keine neue weltverändernde Idee generiert wird, kauft man halt für ein paar Millionen oder auch Milliarden einen Geniestreich auf dem freien

Start-up-Markt. Blättern Sie im Börsenteil Ihrer analogen Zeitung, dort steht es schwarz auf weiß: In der Technologiebranche steigen die Aktienkurse schneller und steiler als die Sektkorken auf der Weihnachtsfeier von Coca-Cola. Und dennoch haben auch die Big Five nicht die Gewissheit, dass sie in zehn Jahren noch die Rankings anführen. Denken Sie nur an die Fortschritte im Bereich »künstliche Intelligenz«: Aus dieser Ecke kommen die nächsten Angriffe, und unzählige Angreifer sind heute (noch) so klein wie Google 1997.

Wo liegen die wesentlichen Unterschiede in den Geschäftsmodellen? Früher ging es darum, eine Firma groß zu machen, um sie irgendwann an die Börse zu bringen und anschließend den Börsenwert zu steigern, denn dann waren nicht nur die Aktionäre, sondern auch das Unternehmen reich. Heute geht es den Gründern in erster Linie darum, mit ihrer Idee die Welt ein kleines bisschen zu verändern. Gern auch ein bisschen mehr. Geld ist absolut zweitrangig, denn das kommt irgendwann von ganz allein. Börsengänge finden in der Regel nur statt, um die Umsetzung weiterer Ideen zu finanzieren. Ich nenne das »Professional Crowdfunding«.

Jeff Bezos von Amazon hat jahrelang auf das Einstreichen satter Gewinne verzichtet, um Geld in neue Ideen pumpen zu können, die er am Markt testen wollte. In traditionellen Unternehmen wären solche Ideen an der Risikobewertung des Finanzvorstands kläglich gescheitert. Das ist eine Feststellung, kein Vorwurf, denn Risikobewertung gehört schließlich zu den Kernaufgaben einer erfolgreichen Geschäftsführung. Zumindest in unseren althergebrachten Geschäftsmodellen, die auf unserem alten Denken aufbauen.

Warum müssen sich auch in Deutschland Geschäftsmodelle verändern? Brauchen wir überhaupt noch solche Korsette? Wie sieht das ideale Unternehmen von morgen aus? Schauen wir heute auf die Konjunkturdaten, könnten wir uns eigentlich entspannt zurücklehnen und uns gegenseitig großzügige Boni auszahlen, denn seit Jahren hangelt sich die deutsche Wirtschaft von Boom zu Boom. Jedes Quartal neue Spitzenwerte, jedes Jahr ein neues Rekordjahr. Wachstum macht nicht nur zufrieden, sondern auch Spaß, aber kann Wachstum wirklich unendlich sein?

Zufriedenheit ist eine Falle, denn in der Businesswelt ging es schon immer darum, Vorsprünge zu generieren, und in disruptiven Zeiten sind diese Vorsprünge wichtiger als jemals zuvor. Laut Wikipedia ist disruptive Technologie eine Innovation, die bestehende Produkte, Dienstleistungen und Technologien vollständig verdrängen kann. Mit anderen, deutlicheren Worten: Disruptoren haben das Zeug, Platzhirsche vom Markt zu fegen. Disruption macht also Spaß – wenn man nicht gerade ein Platzhirsch ist. Oder einer seiner Mitarbeiter. Alle lieben Alexa. Sie vielleicht auch. Es sei denn, Sie heißen Alexa.

Wir haben uns nicht nur wirtschaftlich, sondern auch ethisch weiterentwickelt. Es geht in disruptiven Zeiten deshalb nicht nur ums Gewinnen oder Verlieren, sondern auch um Verantwortung für Arbeitsplätze, für die Mitarbeiter, deren Familien und deren Zukunft. Durch die Medien geistern seit geraumer Zeit Zahlen, nach denen innerhalb der nächsten zehn Jahre 40 bis 70 Prozent aller Jobs pulverisiert werden. Die technische Entwicklung hat durchaus das Zeug dazu. Ob es am Ende 40 oder 70 Prozent sind, spielt keine Rolle.

Es spielt auch keine Rolle, ob das alles bereits in zehn Jahren oder erst in zwölf, 15 oder gar 20 Jahren passieren wird. Fakt ist: Es wird passieren, und wir alle werden diese Zeit noch erleben. Für die einen wird eine Welt untergehen, für die anderen wird die faszinierende Welt, die wir alle aus Science-Fiction-Klassikern kennen, ein Stück weit Wirklichkeit. Handeln wir weise, denn unsere Kinder und Enkel werden mit unseren strategischen Schachzügen leben müssen.

Zukunftsmusik wird also früher zeitgenössische Musik, als wir jemals zu träumen wagten. Bereits heute haben wir einen historischen Punkt erreicht, den wir eigentlich in fernerer Zukunft verortet hatten: das Ende der Digitalisierung. Auch wenn »Digitalisierung« nach wie vor ein Schlagwort ist, mittlerweile fast schon ein Angstmacher, behaupte ich, dass Digitalisierung heute abgeschlossen ist. Was wollen wir noch digitalisieren, wenn bereits unser Leben digital ist? Unsere Kommunikation, unsere Mobilität, unser Denken: Alles ist bereits vom digitalen Virus infiziert. Es geht jetzt nur noch um Adaptierung, Feinjustage und Weiterentwicklung.

So denken mittlerweile viele. Dabei stehen wir eigentlich erst am Anfang der großen Veränderung. Es wird zwar nicht jeder disruptiv bedroht, doch für nahezu jeden wird es darum gehen, das Kerngeschäft zu transformieren. Digitale Produkte müssen weitergedacht und von neuen, besseren Systemen abgelöst werden. Wir meinen, dass das Digitale unser Leben noch einfacher macht, müssen aber gleichzeitig erkennen, dass es unser Leben auch zerstören kann. Und damit meine ich nicht nur die persönliche Zukunft einzelner Abgehängter, sondern die Zukunft ganzer Gesellschaften.

Was nützt Ihrem Unternehmen Big Data, wenn 50 Prozent der erfassten Daten die Daten von Arbeitslosen sind, die sich die neuen digitalen Produkte und Dienstleistungen sowieso nicht leisten können? Wer finanziert die gewaltigen Heere der Arbeitslosen und der Rentner, wenn E-Health und Gentechnologie Krebs und andere Leiden besiegen, die Zahlen der Beschäftigten im Gesundheitssektor drastisch reduzieren und uns ermöglichen, ein biblisches Alter zu erreichen? Bereits die nächste Generation könnte es auf stolze 120 Jahre bringen. Was das für die Weltbevölkerungsstatistik bedeutet, können Sie gern selbst ausrechnen – vorausgesetzt, Ihr Taschenrechner verfügt über genügend Stellen.

Die andere wichtige Frage lautet: Müssen wir dann bis zum 90. Geburtstag arbeiten? Und wenn wir tatsächlich irgendwann so lange arbeiten, müssen wir uns eines Tages selbst beiseitenehmen und uns die Frage gefallen lassen: Ist das wirklich die Form von Fortschritt, von der wir damals alle geträumt haben? Die digitalen Formate bieten noch sehr viel Zündstoff und werden in den nächsten zehn Jahren mehr Veränderung generieren als in der gesamten bisherigen Wirtschaftsgeschichte. Es wäre fatal, zu glauben, dass der Zenit bereits überschritten ist. Dafür stehen noch viel zu viele neue Technologien in den Startlöchern.

Revolution!

Die digitale Transformation ist längst eine digitale Revolution. Revolutionen gab es auch früher schon, und insbesondere die industriellen Revolutionen haben nachhaltig die Welt verändert. Jede dieser Revolutionen hat der nachfolgenden erst den Boden bereitet. Bei all diesen Veränderungen haben wir einen Fehler immer wieder gemacht: Wir haben auf die tief greifenden Veränderungen immer nur reagiert. Jedes Problem haben wir zu lösen versucht und die daraus entstandenen Probleme ebenfalls.

Das ist uns in den meisten Fällen auch ganz gut gelungen, aber heute geht es für die ganze Welt ans Eingemachte. Inzwischen verfügen wir zum Glück über die Erfahrungen der letzten Revolutionen, über nie gekannte Weitsicht und über eine geistige Vernetzung, die es uns ermöglicht, drohende Gefahren schon im Vorfeld zu erkennen und zu diskutieren. Wir können endlich agieren statt reagieren. Wenn wir diese Vorteile nicht in ihrer gesamten Bandbreite nutzen, gibt es später keine Entschuldigung fürs Scheitern.

Wir können uns sehr gut vorstellen, wie die Welt von morgen aussehen könnte, wie Digitalisierung jede Nuance von Leben und Arbeit verändert. Unsere Chancen sind unglaublich: Diesmal können wir das Feld bestellen, *bevor* wir die Boote ans andere Ufer aussenden. Große und kleine Unternehmen haben heute die Macht, das alles zu beeinflussen, ja sogar zu steuern. Zum ersten Mal in der Geschichte geht es nicht nur um das Generieren von Gewinnen, sondern auch um das Generieren einer Welt, in der alle einen Platz finden und an den Gewinnen teilhaben können.

Beides gerade in disruptiven Zeiten zu meistern, ist für Unternehmen die mit Abstand größte Herausforderung aller Zeiten. Damit dieses Meisterstück gelingen kann, muss allerdings erst einmal die Erkenntnis Einzug halten, dass das mit Bordmitteln niemals funktionieren kann. Unternehmen müssen sich ändern, bevor sie eines Tages von anderen verändert werden. Ganz oben auf der Agenda steht das Überdenken des eigenen Geschäftsmodells, denn darüber definiert sich das gesamte Handeln. Es gilt, Möglichkeiten mit den Augen des Kunden zu erforschen: Was wäre schön, wenn es das gäbe? Vieles gibt es noch nicht, weil niemand es sich vorstellen kann. Deshalb bin ich auch skeptisch bei den Costumer-Experience-Ansätzen: Was wollen wir messen und erkennen, wenn der Kunde es selbst noch nicht weiß?

Disruption: Der Anfang vom Ende

Was ist der Unterschied zwischen einem Traditionsunternehmen und einem Disruptor? Das Traditionsunternehmen analysiert laufend, was die Wettbewerber machen. Der Disruptor analysiert, was sie *nicht* machen. Freie Marktwirtschaft, freier Wettbewerb, Konkurrenzdenken: Bisher ging es immer nur darum, anderen Unternehmen durch neue Ideen und Produkte Umsatzanteile abzunehmen. Heute gilt die Devise: Warum ein Stück vom Kuchen, wenn es auch gleich eine ganze Torte sein kann? Unternehmen wie Uber, Airbnb und Apple denken so. Und haben von Anfang an so gedacht.

Disruption ist zerstörerisch, aber seien wir ehrlich: Sie hat bisher eher selten stattgefunden. Der zum Modewort verkümmernde Begriff verliert leider seine ursprüngliche Gewichtung, wenn er jeder neuen App als Attribut zur Seite gestellt wird, um Business Angels zu überzeugen. Disruption wird ohne Zweifel zunehmen, aber das zerstörerische Potenzial einer einzelnen Idee muss sich erst einmal beweisen, sonst bleibt Disruption nur ein Wort.

Start-ups brüsten sich nicht mehr mit der Vereinfachung von Prozessen und dem Mehrwert ihrer Idee, sondern nutzen das Wort »Disruption« wie Großwildjäger: Es klingt, als wäre man stolz darauf, Märkte zu bedrohen, auszulöschen und Tausende von Arbeitsplätzen zu vernichten. Das klingt nicht nur unterschwellig nach Respektlosigkeit und Empathiemangel.

Disruption soll Lösungen und neue Märkte generieren, nicht den Fokus auf neue Probleme lenken, die sich noch gar nicht darstellen. Kein Produkt und keine App wird mit der Absicht entwickelt, Massenarbeitslosigkeit auszulösen, und sei sie auch regional begrenzt. Natürlich betreten insbesondere durch die Digitalisierung immer mehr Ideen mit disruptivem Potenzial die Welt – ob sie sich allerdings durchsetzen, vom Wettbewerb erfolgreich bekämpft oder vom Kunden verschmäht werden, kann erst Jahre später beurteilt werden.

Nicht jede Innovation ist disruptiv. Aber sie ist dann immer noch eine Innovation, und das allein kann ja schon eine Initialzündung für die nächste Idee, die nächste große Innovation sein. Ist eine Zahnbürste, die mit einem integrierten Chip Nutzerdaten an eine App und damit vielleicht auch an eine Krankenkasse sendet, disruptiv oder lediglich innovativ? Entscheiden Sie selbst.

Wenn der Kunde eine Idee feiert, lässt sich Innovation kaum noch aufhalten. Aber nicht jede große Idee muss auch gleich zum Arbeitsplatzkiller werden. Im Gegenteil: Die als Musterbeispiele zitierten disruptiven Ideen der Vergangenheit haben Jobs geschaffen oder umgeschichtet, wie zum Beispiel das Automobil, die CD oder der Flachbildschirm. YouTube hat sogar so manchen YouTuber reich gemacht und unzähligen anderen einen respektablen Nebenverdienst beschert. Innovationen dieser Größenordnung hätten wir gern mehr.

Leider werden sich solche Innovationen niemals gezielt entwickeln lassen. Der Markt allein entscheidet über Top oder Flop. Deshalb brauchen unsere Geschäftsmodelle die Fähigkeit und die Bereitschaft, sich ständig anzupassen. Und auch die Bereitschaft, Fehler zuzulassen.

Vorwurf und Wahrheit

Riestern, lumbecken, lynchen, pasteurisieren, morsen: Wer es als Verb in den Duden geschafft hat, hat es geschafft. Das mit Abstand meistgenutzte Verb dieser Kategorie heißt »googeln«. Baumelte an der Suchmaschine 1999 noch ein Preisschild von 750.000 Dollar, kratzt der Marktwert von Alphabet heute an der 700-Milliarden-Marke. Das deutsche Aushängeschild Rocket Internet bringt es nicht einmal auf 1 Prozent dieses Wertes.

Alle reden vom Wandel. Dabei ist er längst vollzogen, und die Felle sind mittlerweile auch schon verteilt. Deutschland spielt auf der Bühne der digitalen Big Player leider bestenfalls eine Nebenrolle, denn es hat offensichtlich keine Antwort auf Silicon Valley gefunden. Doch keine Angst: Wir sind keine Abgehängten, sondern freiwillig Zurückgebliebene, denn das Finden von Antworten ist gut, aber noch besser ist das Finden neuer Fragen, die bessere Antworten generieren können.

Auch wenn viele der deutschen Wirtschaft vorwerfen, dass sie keinen der Big Five erdacht hat, so war sie doch in den letzten Jahren alles andere als untätig. Wer die vielen Beispiele in den folgenden Kapiteln betrachtet, wird erkennen, dass Deutschland keineswegs vor Ehrfurcht in Schockstarre verfallen ist, wie von schlechten Propheten und noch schlechteren Analysten immer wieder behauptet wird.

Wer die Meinung verbreitet, Deutschland habe den digitalen Wandel verschlafen und werde deshalb in den nächsten Jahren nach hinten durchgereicht, hat nicht registriert oder verschweigt bewusst, was die deutschen Unternehmen in den letzten Jahren geleistet haben. Steile Thesen wie »Deutsche Unternehmen werden an deutscher Gründlichkeit scheitern« und »Deutsche Manager haben überholte Führungs- und Arbeitsmodelle, die nicht digitaltauglich sind« sind genau das: steile Thesen, aber leider keine Verbesserungsvorschläge.

Hinter jedem Tal beginnt ein Berg

»Werfen wir einen Blick über den großen Teich und schauen wir uns dort einiges ab, denn dort sitzen Know-how, Kompetenz und Intelligenz.« Diesen Satz hörte man seit Jahrhunderten nur aus den USA, und der Respekt vor der Wiege Europa hallte uns lange genug in den Ohren. Heute ist es plötzlich andersrum, und wenn der Wind mit einem Mal von vorn kommt, beginnt Wandel plötzlich wehzutun.

Doch wir sollten die Fakten nüchtern betrachten: Der Vorwurf, dass Deutschland nicht mithalten kann, und die daraus generierte Mahnung, dass uns diese Unfähigkeit künftig vor riesige Probleme stellt, sind an den Haaren herbeigezogen und immer wieder neu zitiert und beleuchtet worden, weil die Medien mit diesem Blickwinkel Seiten und Sendezeit füllen konnten. Wer immer nur die negativen Stimmen zu Wort kommen lässt, verzerrt bewusst das Gesamtbild. Wer Informationen unterschlägt, verbreitet seine ganz eigene Form von Fake News.

Ist es wirklich so wichtig, ein Stück vom digitalen Kuchen abzubekommen? Auf einem Kuchenbüfett stehen bekanntlich viele leckere Torten, und ich glaube, dass wir gut beraten sind, uns auf Vielfalt zu konzentrieren, nicht unbedingt auf Größe. Größe ist ein Geschäftsmodell von gestern. Die Modelle von heute fokussieren eher auf Beweglichkeit.

Neben Wahrheit kann schließlich auch Größe vorgegaukelt werden: Silicon Valley ist nicht ganz Kalifornien, und Kalifornien ist nur einer von 50 Bundesstaaten. Also gerade einmal 2 Prozent. 2 Millionen Menschen leben in Silicon Valley, 40 Millionen in Kalifornien, 323 Millionen in den USA. Man muss kein Hellseher sein, um zu erkennen, dass es mit dem Erfolg auf dem digitalen Sektor allein nicht gelingen wird, ganz Amerika in eine glorreiche Zukunft zu teleportieren. Jede Wirtschaftsnation auf dem Weltmarkt hat ihre Gewinner und Verlierer. Ich glaube, die Zukunft gehört denen, die mehr Verlierer in Gewinner konvertieren können.

Die Frage lautet jedoch zunächst einmal nicht, wem es in der Welt von morgen besser geht. Entscheidend ist, dass man in der Welt von morgen überhaupt noch existiert. Bei allem gebührenden Respekt: Nicht Stanford und Silicon Valley sind unsere Gegner, sondern die Unternehmen, die es verstehen, die dort und natürlich auch anderswo entwickelten Technologien so zu nutzen, dass unsere Produkte und Dienstleistungen von einem Tag auf den anderen nicht mehr gefragt sind.

Aber denken wir nicht nur an den Begriff »Reaktion«. Viel spannender ist doch die Frage: Mit welcher Strategie können wir unsere Unternehmen dazu bringen, eigene innovative oder gar disruptive Produkte und Dienstleistungen zu generieren? Das kann nur mit einer Zukunftsstrategie gelingen, die sich wie eine zweite Haut an ein optimiertes Geschäftsmodell anschmiegt und dieses dann zukunftstauglich macht. Dabei werden Begriffe wie »digital« und »disruptiv«

eine zentrale Rolle spielen. Als Frage formuliert: Warum schlagen wir Silicon Valley nicht mit seinen eigenen Waffen?

Die Jagd ist eröffnet

»Big Five«: Hinter diesem Begriff verbargen sich einst Elefant, Nashorn, Büffel, Löwe und Leopard – die fünf begehrtesten Trophäen eines Großwildjägers in Afrika. In diese Rangliste haben sie es nicht wegen ihrer Größe geschafft, sondern wegen der Schwierigkeit, sie zu erlegen. Aber die Zeiten haben sich auch in diesem Bereich geändert: Heute schießt man auf einer Safari nicht mehr mit Elefantentötern, sondern nur noch mit Teleobjektiven.

Der Begriff »Big Five« passt deshalb in meinen Augen auch sehr gut zu den großen Playern der digitalen Welt: Nicht ihre Größe sollte uns Sorgen bereiten, sondern ihre Effizienz. Richten wir nicht unsere Waffen auf sie, sondern unsere Teleobjektive, denn wenn wir ihre Geschäftsmodelle analysieren und es uns gelingt, die besten Ideen daraus in unsere eigene Strategie zu implementieren, könnte das Ergebnis durchaus beeindrucken. Es geht dabei nicht um das Kopieren von Büroeinrichtungen und Verhaltensauffälligkeiten, denn dass Flip-Flops, Kickertische und Steve-Jobs-Rollkragenpullover bei uns nicht funktionieren, haben wir mittlerweile begriffen.

Schauen wir uns einfach nur *die* Strategien der Big Five an, die alle fünf anwenden: Mit mehr oder weniger offenen Armen empfangen sie Wirtschafts- und Mediendelegationen aus aller Welt, um Einblicke ins hauseigene Geschäftsmodell und die zugrunde liegenden Denkstrukturen zu gewähren. Dass dabei nur handverlesene Häppchen nach dem Motto »Fresst und staunt« serviert werden, sollte den Wissbegierigen allerdings bereits vor Abflug ins gelobte Land klar sein. Auch in Silicon Valley kennt man den Begriff »Unternehmenskommunikation« und auch hier gilt das Prinzip: Es wird das formuliert, was uns einen Vorteil verschafft. Leistungsfähigkeit wird gern übertrieben dargestellt, denn mit dieser günstigen Form der Einschüchterung lassen sich ganz hervorragende Markteintrittsbarrieren aufbauen.

Schon hier sollte man den Wert einer solchen Expedition infrage stellen. Auch wenn die Slogans von Google (»Don't be evil«) und seiner Mutter Alphabet (»Do the right thing«) friedfertig klingen, weil sie genau den Zeitgeist treffen: Die ständige Betonung könnte durchaus auch eine Form des Einlullens und Teil eines großen Plans sein. In Bezug auf das Zahlen beziehungsweise Nichtzahlen von Steuern haben die digitalen Schwergewichte bekanntlich ihre ganz eigenen Algorithmen entwickelt. Very evil. Not the right thing.

Das Wichtigste bei einer Jagd ist also, dass man seinen Gegner und dessen Verhalten kennt, um nicht Gefahr zu laufen, selbst zum Gejagten zu werden. In der Businesswelt ist das nicht anders: Nur wer das Potenzial des Wettbewerbers kennt, ist in der Lage, geeignete Maßnahmen zu ergreifen. Maßnahmen, die nicht über das Ziel hinausfeuern, denn es war schon immer ein teurer Spaß, mit Kanonen auf Spatzen zu schießen. Analysieren wir ein paar Absätze lang die Potenziale und Möglichkeiten, die die digitale Welt noch in petto hat, um uns das Leben schwer zu machen.

Ein Blick auf das Ganze

Das Internet ist in den Augen der meisten ein Wachstumsmarkt ohne Bremssystem. Ich sehe Wachstum allerdings vorwiegend im Bereich Quantität. Immer mehr Inhalte stellen uns irgendwann vor das Problem, diese Menge noch überblicken und verwalten zu können. Die Qualität, also der Nutzen, wird sich hingegen nicht annähernd in diesem Maße potenzieren. Jedes Statement müssen wir weiterhin ungefiltert konsumieren und dann anhand unserer persönlichen

Maßstäbe, Vergleichswerte und Erfahrungen bewerten. Jeder für sich allein. Ganz gleich, ob es sich dabei um eine wissenschaftliche Abhandlung oder um wirres Zeug handelt.

Jede Information, die online gestellt wird, soll schließlich nur einen einzigen Zweck erfüllen: Der Urheber möchte damit seine persönlichen Interessen durchsetzen und sich selbst ins rechte Licht rücken. In diesem Wirrwarr von Identität und Anonymität den Überblick zu behalten, ist schier unmöglich. Verlassen wir uns lieber nicht allein auf die Algorithmen der Suchmaschinen.

Aus der Grenzenlosigkeit des Internets ist längst Strukturlosigkeit und Undurchsichtigkeit geworden. Aus Transparenz ist das genaue Gegenteil erwachsen, und das erzeugt immer mehr Misstrauen. Das Recht auf freie Meinungsäußerung, am liebsten kundgetan unter dem Deckmantel eines Avatars, hat sich in Verantwortungslosigkeit gewandelt. Bei jeder Information, die man abruft, muss man Zweifel anmelden. Die Grundwerte unserer Demokratie – Struktur, Hierarchie, Vernunft – sind in weiten Teilen des Internets außer Kraft gesetzt. Damit müssen wir uns künftig arrangieren, denn das Abschalten oder Beschränken des Systems (wie in Nordkorea, China oder der Türkei) ist keine Lösung, sondern lediglich Selbstbeschränkung.

Internet ist ein Synonym für unübersichtliche Unordnung. Millionen von Angeboten fluten das Netz auf der Suche nach Abnehmern. Es sind die Portale, die in diesem digitalen Chaos Ordnung schaffen. Aber brauchen wir wirklich 100 Immobilienportale, 500 Reiseportale oder 1.000 verschiedene Wetter-Apps? Eher nicht. Bisher haben sich noch alle Märkte nach einer anfänglichen Euphorie wieder beruhigt, sich sozusagen selbst reguliert. Die Spreu wird sich auch hier früher oder später vom Weizen trennen. Überleben werden vermutlich die Pioniere, die ihren Wissens- und Vertrauensvorsprung bei den Usern mit dem größten Nutzen kombinieren. Das erfordert auch völlig andere Konzepte für die eigene Homepage: In Zukunft können Sie den maximalen Gewinn nur generieren, wenn Sie Ihre Webseite direkt als digitalen Verkäufer konzipieren.

Das Internet und die begleitenden Technologien und Devices wurden von Visionären erschaffen, aber auch Visionen können sich irgendwann erschöpfen. Die Gewinne werden eher dort generiert, wo die zur Verfügung gestellten Technologien zum Einsatz kommen und weiterentwickelt werden. Die Fortschritte in den Bereichen künstliche Intelligenz, Robotics und Biotechnologie sind atemberaubend, und auf diesen Beinen wird die Welt von morgen stehen.

Googeln Sie einmal »Sophia the Robot«. Bei YouTube hat dieser Clip über 12 Millionen Aufrufe erhalten. Sie kriegen einen kleinen Vorgeschmack auf das, was neue Technologien schon heute leisten. Oder schauen Sie sich Videos von Boston Dynamics an, die ihre Roboter bereits Rückwärtssaltos springen lassen. Versuchen Sie zu erahnen, was in fünf Jahren möglich sein wird.

Nicht zu unterschätzen sind natürlich auch die Ideen, die auf der Digitalisierung von Dienstleistungen beruhen. Apple mit einem Marktwert von fast 800 Milliarden Dollar oder Alphabet, mit fast 700 Milliarden Dollar ähnlich schwer, könnten vom laufenden Geschäftskonto die Deutsche Bank kaufen, die heute einen Marktwert von 34 Milliarden Euro aufweist. Doch eine offizielle Anfrage gab es bisher noch nicht. Kein Wunder, denn wer investiert schon in ein Auslaufmodell? Wer braucht schon eine Bank, wenn er ein Smartphone hat und ein paar Apps, die aufgrund der Genialität ihrer Algorithmen all das leisten können, was die Deutsche Bank seit 1870 an Dienstleistungen generiert hat – und noch viel mehr?

Zwischen PayPal und der Deutschen Bank liegen nicht nur ganze 82.000 Mitarbeiter (18.000 vs. 100.000), sondern auch Welten in

Bezug auf Kundenfreundlichkeit: PayPal schreibt Zahlungen dem Empfängerkonto innerhalb einer Sekunde gut, bei klassischen Banken liegt auch gern einmal ein Wochenende dazwischen. Die Folgen dieser eingefahrenen Strukturen werden immer verheerender: Der Kunde eines Onlineshops profitiert nur bei einer Abwicklung über den Onlinebezahldienst von den extrem kurzen Lieferzeiten. Was nützt eigentlich eine Drohne, die mir mein Päckchen von Amazon eine Stunde nach der Bestellung in den Vorgarten legt, wenn der Geldtransfer – Voraussetzung für das Abheben der Drohne – drei Tage dauert?

Ein echter Fortschritt wäre auch bei der DATEV wünschenswert, die Millionen Buchhaltungen verwaltet: Wann wird hier die Automatisierung vorangetrieben? Wann werden Schnittstellen zur Verfügung gestellt, die mir helfen, die Digitalisierung tatsächlich umzusetzen? Die in einer Dauerkrise steckenden Banken würden ihr Geld nur allzu gern in Tech-Start-ups anlegen, denn nirgendwo lassen sich derzeit höhere Margen erzielen. Es muss ja nicht gleich ein Fintech-Start-up sein, das die Disruption der Hand, die es füttert, plant oder gar einleitet.

Allerdings lassen die traditionellen Risikobewertungen der Banken eine Kaufoption in den meisten Fällen nicht zu. Studien gehen davon aus, dass von den aktuell in Deutschland gelisteten 1.950 Banken bis zum Jahre 2030 nur noch 150 bis 200 am Markt sein werden. Dasselbe Problem teilen viele Branchen: Viele Unternehmen wissen noch immer nicht, wie sie mit den Start-ups umgehen sollen. Zu groß sind die Unterschiede in Sachen Unternehmenskultur, Philosophie und Marktverständnis. Die größte Hemmschwelle: Kein gestandenes Unternehmen möchte sich eingestehen, dass ein talentiertes Kind bessere Ideen hat als die geballte Tradition, auf die man doch seit 100 Jahren so unendlich stolz ist.

Erfolg: eine Frage des Geldes. Und noch mehr des Denkens

Seit dem Jahr 2000 – seit dem Platzen der Dotcom-Blase – sind mehr als 100 Milliarden Euro Risikokapital ins Silicon Valley geflossen. Über 50-mal mehr als in ganz Deutschland im gleichen Zeitraum, das mit einer Fläche von 357.000 Quadratkilometern 223-mal so groß ist wie Silicon Valley. Das entspricht unterm Strich einem Gesamtfaktor von über 11.000. Ein Faktor von 2 wäre in anderen Bereichen schon eine Katastrophe, die Verantwortliche hier ins Grübeln gebracht hätte.

Das Problem verorte ich allerdings nicht in der Bereitschaft der Businesswelt, sondern in kulturell bedingten Denkstrukturen: Wenn du in Silicon Valley eine großartige Idee hast, kommen zehn Leute, die dir ihr Geld geben möchten. In Deutschland kommen 100 Leute, die dir Punkt für Punkt klarmachen, warum deine Idee scheitern wird. Wer trotzdem gründet und mehr Angst vor den Abmahnungen eines Anwalts oder einer Behörde hat als vor dem eigentlichen Scheitern, kehrt seiner Heimat früher oder später den Rücken. Angesichts von Digitalisierung und Globalisierung sollten wir also dringend unsere Mentalität überdenken.

Kapitel 2: Entrepreneur oder Provokateur?

Die unverschämten Visionen von Bezos, Musk & Co.

Schließen Sie bitte die Augen und erinnern Sie sich für einen Moment an Ihren letzten Urlaub. Was war in Ihren Augen bei Ihrem Ferienflieger wirklich »premium«? Das Platzangebot vermutlich nicht – Sardinen reisen deutlich bequemer. Auch die Bordverpflegung war vermutlich eher als Zeitvertreib denn als Gaumenfreude gedacht. Ich verrate es Ihnen: Es war ein Gefühl, das Sie begeistert hat. Das beruhigende Gefühl von Sicherheit. 2017 haben die Nachrichten weltweit keinen einzigen Absturz einer Passagiermaschine vermeldet. Die Entwicklung der letzten Jahre hat auf diesen Idealfall hingearbeitet.

Warum sind die Flugzeuge so sicher? Zwei Antworten sind richtig: Weil die Hersteller dafür sorgen, dass die Technik funktioniert, und weil die Piloten hervorragend ausgebildet sind. Es gibt aber noch einen dritten Faktor, der nicht unterschätzt werden sollte, denn er hat zu dem Ergebnis eine ganze Menge beigetragen – und ist kurioserweise eine Kombination aus den ersten beiden Faktoren: der Autopilot. Ist er erst einmal aktiviert, können Sie sicher sein, dass er bereits an seinem ersten Arbeitstag seinen Job fehlerfreier erledigt als ein Flugkapitän mit 30 Jahren Flugerfahrung. Und das Beste: Der Autopilot streikt nicht. Wenn ihm das Kunststück gelingt, Start und Landung ebenso sanft und sicher zu gestalten wie die 10.000 Kilometer in der Luft, ist das einst so heiß begehrte Berufsbild »Pilot« ein Auslaufmodell.

Wer hätte das gedacht: »Pilot« hätte dann denselben Wert wie »Trucker« und »Taxifahrer«. Denn auch die wird es früher oder später dank disruptiver Entwicklungen erwischen, und das vermutlich eher früher als später. Werfen wir deshalb aus gegebenem Anlass einen etwas ausführlicheren Blick auf das Thema »Mobilität der Zukunft«.

1. Uber: Der Service macht den Unterschied

Als Musterlösung der Mobilität von morgen wird immer wieder das kalifornische Unternehmen Uber angeführt. Die Idee, via App den Taximarkt aufzumischen oder sogar auszulöschen, indem auf der hauseigenen Plattform Fahrgäste mit Autofahrern verbunden werden, die sich nebenberuflich ein kleines Zubrot verdienen möchten, klang nach einer digitalen Revolution, einem bevorstehenden disruptiven Schlag auf iPhone-Niveau.

Taxis sind die elfenbeinfarbenen Fahrzeuge des Gewerbes, das im Turm gleicher Farbe sitzt und nicht wahrhaben will, dass Personentransport auch ganz gut ohne Personenbeförderungsschein funktioniert. Taxifahrer stehen immer noch im Schulterschluss mit Politik und Rechtsprechung, um den digitalen Fortschritt zumindest auf den Straßen aufzuhalten.

Der Kampf gegen die Cyberkrieger ist in vollem Gang. Doch Hand aufs Herz: Im Kampf der Maschinenstürmer gegen die Himmelsstürmer hat es in der Geschichte der Menschheit am Ende immer nur einen Sieger gegeben. Fortschritt lässt sich nicht aufhalten. Die Zeichen und Verkehrsregeln der Zeit beweisen es: Ein Autofahrer mit einem aktuellen Navigationssystem – für 50 Euro im Elektronikfachmarkt um die Ecke oder (immer wahrscheinlicher) bei Amazon erworben – ist zielsicherer und somit automatisch leistungsfähiger als ein Taxifahrer, der seine umfangreichen Ortskenntnisse vor rund 30 Jahren in einer Prüfung bewiesen hat. Der Uber-Fahrer kennt auch die entlegensten Winkel und Gassen dieser Welt und die exakte Position der neuesten Restaurants – und verschwendet die kostbare Zeit seines Fahrgastes eher ungern im Stau, denn dann verschwendet er auch seine eigene. Heute kann jeder Taxikunde Routen und Staus auf dem eigenen Smartphone mitverfolgen.

Seit Erfindung des Automobils gab es in der Taxibranche nur drei Fortschritte zugunsten des Kunden: das Heben des Koffers in den Kofferraum, das händische Ausstellen einer Quittung und die Möglichkeit, Rollstühle aufzunehmen. Das war's auch schon in Sachen Service. Als die Taxifahrer noch rauchen durften, mussten Fahrgäste der Kategorie Nichtraucher Toleranz und eine hohe emotionale Stabilität beweisen.

Hat irgendein Taxiunternehmen schon mal um Ihre Gunst geworben, indem es Werbemaßnahmen bemüht hat, die über das Aufkleben der Telefonnummer auf das Handschuhfach oder das Überreichen einer selbst gemachten Visitenkarte hinausgehen? Hat ein Taxifahrer Sie auf einer längeren Fahrt schon einmal gefragt, welche Musikrichtung Sie persönlich bevorzugen? Hat ein Taxifahrer schon einmal Radio und Taxifunk ausgeschaltet, wenn Ihr Handy geklingelt hat?

Taxifahrer haben bis heute Milliarden von Stunden mit Warten verbracht. Keiner hat auch nur eine einzige Minute aufgewendet, um über Ideen nachzudenken, die Kunden einen Mehrwert bieten. Dann kam plötzlich einer, der es einfach gemacht hat: Travis Kalanick, einem branchenfremden Taxikunden aus San Francisco, stank es gewaltig, dass der Quadratmeter Innenraum, in dem er zum Ziel transportiert wurde, nicht den Duft der großen weiten Servicewelt, sondern den der Umkleidekabine eines Fitnessstudios versprühte. Er war der Meinung, dass sich etwas ändern musste. Ein silberner Laptop landete auf dem Tisch einer Starbucks-Filiale, und ein paar Latte macchiato und ein paar Tausend Zeilen Code später war Uber geboren – und der Tod einer ganzen Branche, wie wir sie kennen, zum Ziel erklärt.

Welche Stolpersteine aus einer fantastischen Idee scheinbar ein Auslaufmodell gemacht haben, möchte ich hier kurz erläutern. Da wäre zum einen der – rechtlich durchaus berechtigte – Widerstand der Taxifahrer, die ihren um 20 Prozent höheren Fahrpreis mit dem Personenbeförderungsschein und den damit verbundenen Verpflichtungen und Kosten begründen. Mittlerweile haben in vielen Städten und Ländern die gerichtlichen Instanzen Uber nicht als Fahrtenvermittler, sondern als Verkehrsdienstleister eingestuft. Zudem bekamen die Uber-Fahrer Ärger mit ihren Kfz-Versicherungen, die von ihrem Sonderkündigungsrecht Gebrauch machten, weil die Fahrten nachweislich nicht mehr, wie vertraglich vereinbart, privater Natur waren, sondern klar auf das Generieren von Gewinnen abzielten, was wiederum eine Gewerbeanmeldung voraussetzte, die höhere Versicherungstarife begründete.

Last, but not least hat sich Uber mit miserabler PR selbst ins Aus gekickt: Travis Kalanick trat 2017 auf Druck seiner Investoren vom Amt des CEO zurück. Seine arrogante Art, mit Mitarbeitern und Partnern umzugehen, stieß auf wenig Gegenliebe. Außerdem geriet Uber immer wieder in die Schlagzeilen, weil es die Fahrpreise klammheimlich an das Fahrgastaufkommen anpasste: So wurden bei einer Geiselnahme in Sydney die Preise um das Dreifache hochgeschraubt. Auch bei schlechtem Wetter, bei Messen und Ausfall des Nahverkehrs scheute sich das Unternehmen nicht, seine Gewinne nach Lust und Laune zu vervielfachen. Die Not der Kunden wurde auf unverschämteste Art und Weise ausgenutzt. Kundenservice haben sich die meisten irgendwie anders vorgestellt.

Diese Sichtweise ist ohne Zweifel richtig. Aber auch eine andere sollte beleuchtet werden, denn sie enthält ebenfalls viel Wahrheit. Das System der willkürlichen Preissteuerung beispielsweise kennen wir schließlich schon seit vielen Jahren aus anderen Bereichen: Hotels verdoppeln und verdreifachen gern die Zimmerpreise, wenn in der Stadt Messen und ähnliche Massenevents anstehen. Und auch

Reiseveranstalter passen die Preise der Nachfrage an: Wenn Reisen in die Türkei und Ägypten zu brenzlig werden, nutzen die Reisevermittler die Angst gewinnbringend aus, indem die Preise für Flüge in die heile Welt hochgeschraubt werden. Die dortigen Hotels verfahren ähnlich rigoros.

Mag Uber auch mit allen Mitteln bekämpft werden: Eines Tages wird der Gesetzgeber erkennen, dass dem System Uber die Zukunft gehört. Damit hätten wir auch schon den größten Fehler im System identifiziert: Wir investieren heute kostbare Zeit und noch kostbareres Geld, um eine Idee zu *verhindern,* die man nicht aufhalten kann. Die Amerikaner investieren bereits seit gestern kostbare Zeit und noch kostbareres Geld, um eine Idee zu *finanzieren,* die man nicht aufhalten kann. Raten Sie mal, wer diesen Kampf gewinnen wird.

2. Carsharing

Auch Carsharing ist eine brillante Idee. Jeder Autohersteller, der etwas auf sich hält, ist auf diesen Zug aufgesprungen, und alle Angebote bieten ein unschlagbares Preis-Leistungs-Verhältnis. Allerdings ist diese Idee eine, die sich selbst beschränkt, denn das System kann nur in Großstädten funktionieren. Sogar hier setzt man mittelfristig auf eine recht kleine Klientel. Laut einer Forsa-Umfrage sind die Nutzer vorwiegend in der Altersklasse zwischen 18 und 29 Jahren zu finden. Über 70 Prozent der Nutzer sind Männer; Frauen greifen auf die Angebote eher seltener zu, weil sie in erster Linie mit der Verfügbarkeit der Parkplätze nicht zufrieden sind.

Und viele potenzielle Kunden werden gar nicht erst zu Kunden, weil die aktuelle Fahrzeugdichte und infolgedessen die Fahrzeugverfügbarkeit nicht ihren Vorstellungen entsprechen und/oder weil in ihren Augen ein Fußmarsch von mehr als fünf Minuten den Mehrwert wieder aufhebt. Andere Gruppen werden wohl nie zu Carsharern: Da wären zum Beispiel Familien mit Kleinkindern, die zwei Kindersitze benötigen. Und natürlich all die anspruchsvollen Kunden, die in der beschränkten Modellvielfalt nicht das Passende für sich finden.

Carsharing will Mobilität einfacher machen. Das allerdings auf Kosten der Umwelt, denn das Verkehrsaufkommen im Zeitalter der Verbrennungsmotoren wird erhöht – und Parkplätze gerade in Innenstädten immer mehr zur Mangelware. Zudem verzichten nur knapp 15 Prozent der Nutzer künftig auf ein eigenes Auto. Und während des allmorgendlichen Berufsverkehrs haben die Leihfahrzeuge Frühstückspause, denn Pendler setzen fast zu 100 Prozent weiterhin auf die Angebote des öffentlichen Nahverkehrs. Von Verkehrsentlastung kann keine Rede sein. Carsharing versteht sich also eher als Alternative zu den anderen Formen der Mobilität. Wer bei Regen keine Lust aufs Fahrrad hat, fährt halt Smart.

Interessant ist der Wandel, dem die Nutzer unterliegen: Die Motivation, sich bei den Carsharing-Systemen anzumelden, wird oftmals damit begründet, dass man mal ein Mini-Cabrio oder einen Mercedes-SUV fahren möchte. Nach einiger Zeit ist die Euphorie über die im Vergleich zur heimischen Garage höhere (aber dennoch begrenzte) Vielfalt der Erkenntnis gewichen, dass die Verfügbarkeit eines fahrbaren Untersatzes das wichtigste Motiv ist. Für die Hersteller eher eine schlechte Nachricht, denn der Service ist in den Augen ihrer Kunden plötzlich wichtiger als das Produkt, das sie herstellen.

Auch auf dem relativ jungen Markt gibt es bereits Ernüchterung und Veränderung: Volkswagen hat nach anfänglicher Euphorie seinen Dienst Quicar vom Markt zurückgezogen. Sixt hat sich aus der Kooperation mit BMW (DriveNow) verabschiedet, um den Weg für eine Fusion von DriveNow und dem Mercedes-Ableger car2go zu ermöglichen, investiert den Erlös allerdings in die Planungen für eine eigene Plattform. Es bleibt spannend.

Das System Carsharing hat höchstes Zukunftspotenzial, denn Nachteile werden allmählich verschwinden: Sobald autonome Fahrzeuge den Markt erobern, müssen wir nicht mehr zum Fahrzeug laufen, sondern werden zu Hause abgeholt. Am Zielort sucht sich das Fahrzeug dann selbst einen Parkplatz. Es wird im Gegensatz zu uns nicht so dumm sein, sich selbst im Parkverbot abzustellen. Und es wird sich auch nicht den Luxus gönnen, 23 Stunden des Tages in der Parkbucht zu vergeuden.

Autonomes Fahren

Wenn kein Mensch mehr am Steuer sitzt, sinkt die Zahl der Unfälle – zumindest in der Theorie – um stolze 88 Prozent. Nicht nur deshalb ist das selbst fahrende Auto die Königsdisziplin der Fortbewegung von morgen. In Silicon Valley zieht es eifrig seine Bahnen und spult bereits die ersten Millionen Testkilometer ab. Schon eine ganze Weile versorgen uns die Nachrichten mit Bildern und Berichten über die Leistungen und Quantensprünge, die in der Megabranche Mobilität von Google, Tesla & Co. erzielt werden.

Nach den Konzepten »Uber« und »Carsharing« ist das selbst fahrende Auto der nächste Kandidat, der von Politikern, Umweltexperten und natürlich von den Anbietern selbst als Heilsbringer für Mutter Erde auserkoren ist. Und den Szenarien zufolge, die Zukunftsexperten für uns entworfen haben, wird das autonome Fahren den deutschen Autobauern eine Nahtoderfahrung nach der nächsten bereiten und nach 100 goldenen Jahren die Gewinne aus Deutschland und Japan für alle Zeiten nach Kalifornien umleiten.

Recht so, haben viele Wirtschaftsjournalisten bereits gewettert, denn die deutsche Ingenieurskultur mit ihren geschlossenen Systemen wird im Wettbewerb mit den Vertretern der Open-Source-Kultur nicht einmal ansatzweise konkurrenzfähig sein. Ihre Kritik untermauern sie mit den immer gleichen Argumenten: Deutsche Unbeweglichkeit hat den kalifornischen Kompetenzen namens Spontaneität und Flexibilität angeblich nichts entgegenzusetzen.

Wir glänzen vielmehr durch Rigidität und eingefahrene Prozesse, die in unseren Köpfen unlösbar verwachsen sind. So braucht ein deutsches Auto vom Entwurf bis zum Showroom rund fünf Jahre, während ein Tesla bereits nach wenigen Monaten vom Reißbrett zum Kunden rollt. Zumindest wenn irgendwann die Produktionskapazitäten von Tesla das halten, was Elon Musk verspricht. Künftig wird nicht Perfektion gefragt sein, sondern Funktionalität. (So wie die Menschen im Bereich Musik der Mobilität den Vorzug gegenüber dem Klang gegeben haben, denn die heimische Hi-Fi-Anlage bietet zwar diesbezüglich deutlich mehr als iPod oder iPhone, generiert aber immer weniger Umsätze.)

Ein Grund für diesen Vorsprung: Tesla investiert – prozentual vom Umsatz – dreimal so viel Geld in Forschung und Entwicklung wie die traditionellen Autobauer. Ich werde in späteren Abschnitten aufzeigen, warum diese Argumente lediglich Scheinargumente sind.

Künftig, so heißt es, kaufen wir keine Autos mehr, sondern Mobilität. So, wie wir heute keine Heizung mehr kaufen, sondern Wärme. Es funktioniert wie Spotify auf Rädern: Wir nutzen etwas, besitzen es aber nicht und bezahlen für die Teilnahme am System, wobei nach genutzter Zeit, gefahrener Strecke oder einem Mix aus diesen Kalkulationsmethoden abgerechnet wird.

Die Visionen der Big Player, die uns und natürlich in erster Linie den Investoren in bunten Bildern vermittelt werden, zeichnen ein heiles Bild, denn sie bieten angeblich die ultimative Lösung für ein gigantisches Problem unserer Gesellschaft, das ohne Gegenentwurf weiter wachsen wird. Mobilität ist gerade heute ein großes Wort: Wer bezeichnet sich schon als mobil, wenn er morgens auf dem Weg zur

Arbeit eine geschlagene Stunde im Stau steht? Auf dieser Basis möchte ich einige Szenarien präsentieren und Fragen aufwerfen, die so in der Diskussion über die Themen »Carsharing«, »Elektromobilität« und »autonomes Fahren« eher selten bis gar nicht gestellt werden.

Die Zukunft, die nicht kommen wird

Die Vision von Google, Tesla & Co. basiert auf folgendem Bild: Irgendwann in vielleicht zehn, spätestens aber in 20 Jahren fahren alle Autos nicht nur elektrisch, sondern auch autonom. Sie holen uns auf Knopfdruck ab und bringen uns schneller von A nach B, als wir je zu träumen wagten. Haben sie uns abgesetzt, suchen sie sich selbstständig einen Parkplatz, fahren zum Service oder begeben sich dorthin, wo die Algorithmen des Systems eine starke Nachfrage voraussehen, beispielsweise gegen 18 Uhr zum Messegelände oder gegen 22:30 Uhr zum Stadion, um die Fans nach Hause zu bringen. Finde den Fehler.

Visionen zeigen immer nur die blanke Seite der Medaille. Dieses positive Bild wird mit Studien und Schätzungen geschönt, kehrt aber die Probleme auf dem Weg dorthin in ihrer Gesamtheit unter den Teppich. Fahren allein nützt jedoch nichts, denn das können wir heute schon. Spannend wird es, wenn wir das Thema Mobilität unter den in 20 Jahren herrschenden Einflussfaktoren betrachten.

Steigende Bevölkerungszahlen setzen eine intelligente Verkehrsführung voraus. Damit Verkehr endlich effizient wird, müssen die Fahrzeuge vernetzt werden. Intelligente Vernetzung ist mit unserer aktuellen Fahrzeugflotte schlicht und einfach nicht möglich, denn Roboterfahrzeuge werden sich nicht mit von Menschen gesteuerten Autos austauschen können. Wir müssen uns also rechtliche, verkehrspolitische und städtebauliche Gedanken über Zahlen und Zusammenhänge machen. Hier die passenden Fragen und meine Behauptungen dazu:

1. 83 Millionen Menschen. 46 Millionen Autos. Dieses wenig ökologische Ökosystem von heute ist über 100 Jahre gewachsen. Studien, die abzuschätzen versuchen, wie viele Autos wir in der heilen Welt von morgen mindestens brauchen werden, gehen davon aus, dass unsere Fahrzeuge – wie bereits erwähnt 23 Stunden am Tag stehen und Robo-Taxis 23 Stunden am Tag rollen. Um eine angemessene Verfügbarkeit gewährleisten zu können, sollen also rund 10 Prozent des jetzigen Bestandes völlig ausreichen. Dieser Zahl halte ich zwei Argumente entgegen: Wer heute zur Arbeit fährt und im Stau steht, wird auch künftig ein Auto für den Weg zur Arbeit nutzen wollen. Wie sollen das rein rechnerisch 10 Prozent des jetzigen Bestandes leisten können? Und überhaupt: Wenn Autos autonom fahren und niemand mehr einen Führerschein braucht, dürfen dann auch Sechsjährige über das Smartphone ein Auto bestellen, wenn die Eltern das vertraglich unterstützen? Es wäre doch ein Riesenvorteil, ein echter Fortschritt im Bereich Zeitmanagement, wenn Kinder von der Schule oder vom Sportplatz nicht mehr von Eltern, sondern von Autos abgeholt werden.

2. Wenn wir herkömmliche Fahrzeuge weiterhin zulassen, brauchen die beiden Systeme getrennte Fahrspuren. Für die Infrastruktur sind das Kostenszenarien, die kein Staat der Erde stemmen kann. Die Alternative: Besitzer nicht autonomer Fahrzeuge müssen enteignet werden oder eine finanzielle Entschädigung erhalten. Auch das kostet Unsummen. Enthusiasten und Nostalgikern wird das Herz gleich komplett rausgerissen, denn Oldtimern wird dann ebenfalls die Straßenzulassung verwehrt. Und was machen wir eigentlich mit Rad-, Roller- und Motorradfahrern? Wenn autonome Fahrzeuge untereinander vernetzt sind, um Kollisionen zu vermeiden, bleiben dann die unvernetzten auf der Strecke? Oder befördern wir sie alle ins Abseits?

3. Die uns durch die Medien vermittelte Vision der Experten sieht folgendes Szenario vor: Emissionsfreie Autos machen die Innenstädte zu Wohlfühloasen. Parkplätze werden in grüne Paradiese verwandelt oder bieten Platz für neue Bauprojekte. Parkhäuser werden abgerissen und sozialer Wohnungsbau hat endlich Platz, sich und die Vision »bezahlbarer Wohnraum für alle« zu verwirklichen. Doch Moment einmal: Wo sollen all die vielen Roboterautos nachts parken? Wer heute in einer Großstadt durch eine beliebige Nebenstraße fährt, sieht bereits jetzt vor lauter parkenden Autos die Häuser nicht mehr.

4. In Deutschland gibt es 14.000 unbeschrankte Bahnübergänge. Rund 14.000 mehr als auf der Teststrecke in Palo Alto. Wie verhält sich hier ein Algorithmus? Muss er gemäß gültiger StVO das Fahrzeug zum Stehen bringen, wenn ein Pfeifsignal des herannahenden Zuges zu hören ist, oder tauscht er sich über Datenströme mit dem Lokomotivführer aus, der dann vermutlich längst durch einen Autopiloten ersetzt wurde? Oder beginnen wir bereits heute mit der Beschrankung aller Übergänge?

5. Palo Alto ist ein herrliches Fleckchen Erde. Immer schönes Wetter. Aber wie verhalten sich Sensoren bei starkem Regen oder noch stärkerem Schneefall? Wie im Herbststurm, wenn Laub durch die Luft fliegt und Sensoren verklebt? Die brauchen schließlich ständig freie Sicht, um funktionieren zu können.

6. Wenn Autos vernetzt sind und keine Unfälle mehr bauen, brauchen wir dann noch Knautschzonen, Airbags und Sicherheitsgurte? Können die Fahrzeuge dann auch die Höchstgeschwindigkeit und andere Verkehrsregeln selbst bestimmen und untereinander aushandeln? Noch heute stehen wir nachts in der Einöde vor roten Ampeln und verbrennen fossilen Brennstoff, weil wir lieber gesetzestreue Bürger als selbst denkende Umweltschützer sind.

7. Heute reißen wir bei Wildwechsel und über die Straße laufenden Kindern das Lenkrad rum, während das Adrenalin durch unser Blut strömt und das Hirn flutet. Wir bereiten uns in Sekundenbruchteilen mit jeder Faser unseres Körpers auf eine mögliche Kollision vor. Deutlich unangenehmer wird die Sache, wenn wir unvorbereitet sind, weil wir gerade YouTube-Videos konsumieren.

8. Was macht eigentlich ein Außendienstmitarbeiter, der jährlich 150.000 Kilometer auf der Autobahn abspult, wenn er nicht fährt? Spielt er dann stundenlang im Internet Angry Birds oder lernt er drei chinesische Dialekte, um mit künftigen Kunden auf Augenhöhe kommunizieren zu können? Im ineffektivsten Fall wird er von seinem Arbeitgeber fürs Schlafen bezahlt.

9. Wovon bezahlen ehemalige Taxifahrer, Busfahrer, Lkw-Fahrer ihren Beitrag zum System? Haben Arbeitslose freie Fahrt?

10. Die Weitsicht der vernetzten Fahrzeuge reduziert die Wartungsintervalle auf ein Minimum. Ein Algorithmus, der vorausschauend fährt, bremst auch vorausschauend. Verschleiß ist dank des Antriebskonzepts fast schon vernachlässigbar; auch der Reifenabrieb wird reduziert. Kupplungsverschleiß und Ölwechsel können dann nur noch im Technischen Museum nachgestellt und besichtigt werden. Infolge von Wartungs-, Verbrauchs- und Verschleißkosten bricht in einigen Branchen also eine ganze Menge Umsatz weg.

Unsere Fantasie ist enorm, doch die Realität weckt uns wieder auf. Träume werden noch seltener Wirklichkeit als Visionen. Soll heißen: Der Faktor Mensch ist und bleibt der Fuß auf dem Bremspedal der Entwicklung. Volkswagen hat uns alle betrogen und war danach sogar noch so kokett (sprich: unverschämt) zu versuchen, durch Verschleppung und Gegenklagen die Verjährungsfrist zu nutzen, konnte aber 2017 überraschenderweise den Umsatz seines Lebens vorweisen. Uber und Tesla schreiben hingegen noch immer Zahlen, wie sie roter nicht sein könnten.

Jede Klage gegen die Unternehmen, die Zukunft gestalten möchten, ist ein weiterer Tritt auf die Bremse, denn er kostet Geld, und das Wiederbeschleunigen kostet noch einmal so viel. Die Maschinenstürmer sind immer diejenigen, die sich selbst für Verlierer des Wandels halten. Sie sehen die Entwicklung nicht als Herausforderung oder Chance, sondern als Dolchstoß.

Das Elektroauto ist aus heutiger Perspektive die Lösung, die Rettung vor dem Kollaps. Das ist der einzig richtige Schritt in die Zukunft, den wir stemmen müssen, aber noch längst nicht stemmen können. Das allein ist schon eine Herausforderung, denn das Ladenetz, die Stückzahl der benötigten Akkus und die Stromerzeugung sind Hürden genug.

In Kombination mit intelligenten Carsharing-Plattformen wäre das Elektroauto der ultimative Fortschritt. Bleibt der Faktor Mensch: Sie können Menschen nicht einfach von heute auf morgen in selbstfahrende Autos setzen, denn nicht jeder Fortschritt wird umarmt. Wer sein Leben in Gefahr sieht, verzichtet freiwillig auf den Ruhm des Early Adopters.

Mobilität wird smart

Menschen brauchen smarte Autos. Autos sind smart, wenn sie einen Lernprozess durchmachen. In der Praxis heißt das: Ein neues Auto muss am Tag der Auslieferung die Erfahrungen aller anderen Autos bereits in den Algorithmen des Betriebssystems, der Sensoren und der Navigationsdaten in sich tragen. Es muss sich dabei nicht zwangsläufig um ein selbstfahrendes Auto handeln.

Smarte Autos brauchen smarte Straßen. Elektroautos, die 150 Kilometer im Realbetrieb schaffen, also auch bei laufender Heizung im Winter, gelten heute als absolut zukunftsfähig, denn damit lassen sich über 90 Prozent aller Fahrten abdecken. Laien schreien dennoch weiterhin nach Akkus mit höheren Kapazitäten, die höhere Reichweiten realisieren, damit die Fahrt von München nach Hamburg ohne Ladepause funktioniert. Und sie schreien genauso laut nach einem Ausbau des Ladesäulennetzes: Jedes Jahr sollen mehr Milliarden in die Infrastruktur fließen als im Jahr davor.

Prof. Shanhui Fan von der Stanford University hat mit seinem Team einen neuen Blick auf dieses Problem generiert: Mittels Induktion über Ladespulen, die in der Straße verbaut werden, wird der Elektromotor während der Fahrt geladen. Parallel können Sie über diesen Weg natürlich auch Ihr Smartphone und andere Devices mit Energie versorgen. Aber auch das verschlingt Unsummen. Welches Land möchte schon seinen Verteidigungshaushalt dafür opfern oder an Gesundheit und Bildung sparen?

Smarte Straßen brauchen smarte Städte. Staus in und um Großstädte sind Energiefresser ohne jede Konkurrenz, und ein nerviger Stau ist auch in einem selbstfahrenden Elektroauto ein nerviger Stau. Städteplaner müssen schon jetzt die eigenen Zukunftsvisionen planen und umsetzen, denn Städte sollten nicht für Autos, sondern für Menschen gestaltet werden.

Smarte Städte brauchen smarte Vernetzung. Wenn sich zu der aktuellen Zahl von Führerscheininhabern auch Kinder und nicht mehr fahrtaugliche Personen addieren, haben wir ein gewaltiges Fahrzeugaufkommen. Das kann nur durch intelligente Netze gesteuert werden, die bis heute noch gar nicht auf der To-do-Liste von Politik und Wirtschaft stehen. Bisher konzentriert sich alles nur auf die Entwicklung der Fahrzeuge und die Zulassung geringer Stückzahlen für den Straßenverkehr. Wir sind nicht ansatzweise auf die Bewältigung einer Flut vorbereitet.

Mobilität und andere Zwänge

Was ist schöner als grenzenlose Mobilität? Die Antwort wird Sie im ersten Moment überraschen: Immobilität. Geben Sie es ruhig zu: Sie sitzen lieber im Straßencafé als im Auto auf dem Weg dorthin. Und Sie verbringen Ihre kostbare Urlaubszeit lieber mit einer Piña Colada am Strand von Waikiki als im Langstreckenflieger nach Honolulu, wobei Sie zudem noch zu einem nervigen Stopover in San Francisco oder Vancouver gezwungen werden.

Autofahren macht Spaß. Beamen macht deutlich mehr Spaß. Wir haben schon immer lieber am Lagerfeuer gesessen. Es war ein Zwang, eine Notwendigkeit, stundenlang die Beute zu hetzen. Das anschließende Sitzen war die verdiente Belohnung. Unsere Gene definieren uns als Couch-Potatoes, und dennoch haben die Werbestrategen der Automobilindustrie es seit Jahrzehnten geschafft, uns Abenteuer, Freiheit und Unabhängigkeit als höchstes Gut des Menschen anzupreisen, das es zu erreichen gilt. Die Macht über die Technik wurde uns schmackhaft gemacht.

Niemand fährt gern freiwillig mit dem Bus in die Stadt. Niemand wartet gern bei Minustemperaturen auf die Straßenbahn. Und niemand läuft gern mehr als eine Minute zum Transportmittel seiner Wahl. Unser Auto steht unter dem Carport direkt vor der Haustür oder in der vielleicht sogar beheizten Garage. Wenn wir dort einsteigen, atmen wir auf: Keiner, der uns anrempelt, uns den Sitzplatz streitig macht oder uns seine Musik oder seinen Körpergeruch aufzwingt. Freiheit von allen Zwängen – fast allen, denn der Zwang, die Fahrt anzutreten, besteht weiterhin. Arbeiten wir nicht viel lieber im Homeoffice als in unserem Unternehmen? Ist nicht auch Arbeiten selbst ein Zwang? Und welchen Zwängen unterliegt überhaupt der Fortschritt?

Schauen wir 30 Jahre zurück und uns ein Auto aus dem Jahr 1988 an. 30 Jahre sind eine lange Zeit. Fahren war damals effizienter als heute:

Ohne Tempolimit auf der Autobahn und mit deutlich geringerem Verkehrsaufkommen waren wir schneller am Ziel. Auch vor 30Jahren gab es schon Automatikgetriebe, Ledersitze, Klimaanlagen, Standheizungen, elektrische Fensterheber, Airbags und viele andere nützliche Helferlein.

Mikrochips gab es damals hingegen noch nicht, und im Regal der Navigationssysteme stand nur der gute, alte Shell-Atlas. Die meisten Neuerungen kamen seitdem von Zulieferern, und die meisten betreffen auch heute noch Assistenzsysteme und elektronische Innovationen. Was Fahrgefühl und Effizienz betrifft, waren eher keine großen Fortschritte zu verzeichnen: Autofahren war damals schon annähernd so komfortabel wie heute, und der Effizienzgrad stieg im Bereich Verbrennungsmotoren über die letzten 30 Jahre lediglich um 1 bescheidenes Prozent pro Jahr. Die Hersteller von Lithium-Ionen-Zellen haben hier die Nase deutlich vorn: Sie können rückblickend auf ein jährliches Steigerungsvolumen von 7 Prozent verweisen.

Zwänge sollen dieser Effizienz eine zusätzliche Vitaminspritze verpassen. Gerade im Hinblick auf die CO_2-Bilanz werden Emissionsgrenzen festgelegt, die Autobauer vor echte Herausforderungen stellen. Zwänge haben also durchaus auch positive Seiten. In den USA gibt es auf den Highways HOV-Lanes, also Fahrspuren, die nur von Fahrzeugen mit zwei oder mehr Insassen genutzt werden dürfen. Das Schild HOV-2 symbolisiert diese Mindestanforderung, und oftmals wird auf diesen Fahrspuren auch eine höhere Geschwindigkeit gestattet. In New York gibt es sogar HOV-4-Schilder.

»Go with the flow«, sagten sich viele Kalifornier, als die Behörden dort auch Fahrzeugen mit niedrigen Emissionswerten freie Fahrt signalisierten. Die Verkaufszahlen für den Toyota Prius schossen in die Höhe. Als dann nicht mehr nach Emissionswerten, sondern nach Elektrifizierungsgrad selektiert wurde, kauften sich die Prius-Fahrer ein Elektroauto. Alles billiger und produktiver, als täglich drei Stunden im Stau zu verbringen.

Zwang kann Menschen steuern und Handlungsmuster durchbrechen. Kein Gastwirt hätte jemals von sich aus ein Rauchverbot ausgesprochen. Erst als es gesetzlich für alle befohlen wurde, konnte das Umdenken einsetzen. Die Elektromobilität kann sich dieses Verhalten zunutze machen. Und sie tut es: Wer früher ein Prestigefahrzeug gekauft hat, um sich von der Masse abzuheben und seinen Erfolg zu dokumentieren, hat bei einem der vielen deutschen Premiumhersteller zugegriffen und konnte sich des Neides seiner Umwelt sicher sein. Heute kriegt man stattdessen ein Schulterklopfen, wenn man nicht Premiumverbrenner kauft, sondern Tesla.

Zwänge können natürlich ebenfalls eine Chance sein: Wenn Sie Ladestationen für Elektroautos anbieten, können Sie sich relativ sicher sein, dass der Fahrer und seine Mitfahrer nicht eine halbe Stunde im Auto warten, um der Ladestandsanzeige beim Wachsen zuzuschauen, sondern in dieser Zeit lieber Ihre Angebote studieren. Ladestationen sind so sauber und ungefährlich, dass Sie dafür keine Tankstellenlizenz benötigen. Es lebe der Fortschritt!

Statussymbol? Das Auto ist out

Unsere Fahrzeuge sind 23 Stunden am Tag Stehzeuge. Kein Unternehmen würde auch nur einen Cent in eine Produktionsmaschine stecken, die so ineffizient ist. Wir haben das Auto zum Statussymbol erklärt, denn unsere Geltungssucht war schon immer stärker als unser gesunder Menschenverstand. Wer heute seine Geltungssucht befriedigen möchte, teilt sein Leben auf Facebook. Das kostet deutlich weniger Geld, aber leider auch deutlich mehr Zeit.

Dass Autos schon länger nicht mehr als Statussymbole taugen, beweist die Preisentwicklung recht anschaulich. Schon seit Jahren bezahlt kein Mensch mehr den Preis, der in der Liste steht. Rabattschlachten der Händler reduzieren die Preise auf das Niveau, das der Kunde zu zahlen bereit ist. 20 Prozent Preisnachlass sind kein Megaschnäppchen mehr, denn mit dem Kniff, dem Auto den Stempel »Reimport« zu verpassen, lassen sich weitaus höhere Sparpotenziale abbilden.

Ein iPhone für 1.000 Euro kostet bei Apple 1.000 Euro. Selbst wenn Sie bei Gravis, im Media Markt oder bei Alibaba kaufen: Sie zahlen immer den dort ausgezeichneten Preis. Und Sie tun es gern, denn es ist Ihnen entweder den Preis wert oder befriedigt zumindest angemessen Ihr Verlangen nach einem Statussymbol.

Das Auto war einst ein Versprechen in Bezug auf Freiheit. Diese Freiheit wollten plötzlich nicht nur wir, sondern auch die anderen leben. Aus der Freiheit wurde ein Fluch, denn wenn jeder ein Auto hat, sind wir nicht mehr frei, sondern Gefangene des Verkehrschaos. Wer schon einmal in einem der jährlich 700.000 Staus auf einer deutschen Autobahn gestanden und geflucht hat, war noch nie in Jakarta, Bangkok oder Mexiko-Stadt. Hier können Sie Ihre Freiheit über 250 Stunden pro Jahr in der Blechlawine genießen. Am Ziel angekommen, sollten Sie noch ein paar Dutzend Stunden pro Jahr für die Parkplatzsuche einkalkulieren.

Die junge Generation hat es begriffen: In Großstädten verfügen nur noch 50 bis 60 Prozent über einen Führerschein. Auf dem Land weichen die Zahlen natürlich ab, denn hier ist der Führerschein Voraussetzung für Unabhängigkeit und Teilnahme am urbanen Leben. Obwohl der Führerschein ab 17 möglich ist, werden die Anwärter in den Städten immer älter. Statt in der Fahrschule 2.000 Euro auf den Tisch des Hauses zu legen, kauft man sich lieber ein cooles Mountainbike und ein noch cooleres Smartphone. Gerade das Fahrrad hat das Zeug dazu, das Auto in der Gunst abzulösen, denn der jungen

Generation liegt die Umwelt nicht nur am Herzen – sie ist auch die erste Generation, die aktiv und nach Kräften zu ihrem Schutz beitragen möchte.

Auch hier könnte ein neues Geschäftsmodell greifen. Die Mobilität der Zukunft ist auch die Mobilität einer neuen Generation, einer Generation, die anders denkt und an allen Eckpunkten des Lebens und des Lifestyles andere Prioritäten setzt. Die Hersteller von Luxusuhren können das mit einem Verweis auf ihre Bilanzen der letzten Jahre bestätigen, denn ihre Verluste waren genauso deutlich wie die Gewinne der Anbieter von Smartwatches und Fitnesstrackern.

Kunden von Uhrenherstellern werden smarter: Über Jahrzehnte hat man ihnen erzählt, dass Handaufzug trotz Quarzwerk, Solarantrieb und Funktechnologie das Nonplusultra sei, edle Technik pur sozusagen. Mit denselben Argumenten haben uns Autohersteller die Sportlichkeit des Schaltgetriebes schmackhaft gemacht, obwohl Automatikgetriebe nachweislich genügsamer konsumieren und schneller schalten als Lewis Hamilton. Da spielt es gar keine Rolle, ob sechs oder neun Gänge den Job erledigen.

Zeit zum Umdenken für Uhrenhersteller. Übrigens: Apple Watch existiert erst seit 2015 und ist heute schon die größte Uhrenmarke der Welt. Rolex wurde dezent vom Thron gestoßen. Disruption mit Ankündigung, denn die Platzhirsche hatten dem Trend nichts entgegenzusetzen. Rolex führt allerdings zum zweiten Mal in Folge eine andere Rangliste an, nämlich die der angesehensten Uhrenmarken der Welt. Ein eher schwacher Trost.

Obwohl Apple im Eiltempo zum größten Uhrenhersteller der Welt wurde: Das Prädikat »am schnellsten wachsende Uhrenmarke« gebührt den Studienabbrechern Jake Kassan und Kramer LaPlante aus Santa Barbara. Die ärgerten sich 2013, dass es keine erschwinglichen Lifestyleuhren für Millennials gab, und gründeten kurzerhand mit nur 5.000 Dollar Startkapital die Marke MVMT (sprich: movement) Watches. Über Crowdfunding flossen weitere 200.000 Dollar in die Gründerkassen.

Zu Preisen zwischen 80 und 150 Euro gibt es dort Uhren in frischen Designs, die ausnahmslos online verkauft werden. 2016 waren es bereits 600.000 Uhren, die eine beachtliche Fanbase in 160 Ländern generierten. Mit einer intelligenten Social-Media-Strategie hat es MVMT auf mittlerweile 3,5 Millionen Likes auf Facebook und rund 1 Million Follower auf Instagram gebracht. Sie sehen: Selbst in der Uhrenindustrie ticken die Uhren heute anders.

Elon Musk: das Multitalent

Bei den Autoherstellern dreht sich ausnahmslos alles ums Auto: Volkswagen baut Autos. Toyota ebenfalls, genauso wie BMW, Ford, General Motors und Tesla. Der große Unterschied? Volkswagen hat rund 630.000 Mitarbeiter, Tesla nur rund 30.000. Der kleine, aber feine Unterschied? Bei Tesla ist – im Gegensatz zu den klassischen Autobauern – Auto längst nicht alles. Der im Vergleich zu den Traditionsunternehmen eher kleine Wettbewerber bastelt auch an Projekten, gegen die der Bau von Elektroautos verblasst.

Das für den Automobilbau notwendige Know-how, das die Traditionsunternehmen über viele Jahrzehnte aufgebaut haben, saugen Unternehmen wie Tesla in kürzester Zeit ab, indem sie Topmitarbeiter abwerben. Warum verlässt ein Ingenieur ein Unternehmen wie Mercedes oder BMW? Weil er erkennt, wie unbeweglich die großen Konzerne Richtung Zukunft gehen. In den kleinen, agilen Unternehmen haben die Ingenieure die einmalige Chance, eine besondere Zukunft mitzugestalten, die sie selbst noch erleben dürfen. Die Anziehungskraft einer solchen Vision ist deutlich stärker als ein Stern oder ein Propeller auf der Visitenkarte.

Das Resultat dieser Konzentration und Neumischung von Know-how: neue Ideen. Beispiel Tesla-Lkw: Hier sitzt der Fahrer in der Mitte. Wie klug ist das denn? Damit umgeht Tesla die Notwendigkeit, zwei verschiedene Versionen für den Rechts- und Linksverkehr zu produzieren, während wir weiterhin in unserer Überlegenheit schwelgen, die attraktiveren Spaltmaße zu berechnen und zu fertigen. Nichts geht schließlich über Handaufzug.

Elon Musk hat sich den ganz großen Dingen verschrieben: Unter den Straßen von Los Angeles plant er mit seinem Unternehmen »The Boring Company« ein Tunnelsystem, mit dem Autos auf selbstfahrenden, schienengeführten Transportplattformen mit 200 Kilometern pro Stunde durch die Stadt befördert werden. Die gute Nachricht aus Sicht der deutschen Industrie: Der baden-württembergische Tunnelvortriebsspezialist Herrenknecht soll die Bohrmaschinen dafür bereitstellen.

Das Projekt Hyperloop geht noch einen Schritt weiter: Hier sollen bis zu 28 Passagiere in Kapseln mit einer Geschwindigkeit von 1.125 Kilometern pro Stunde durch Röhren transportiert werden. Wer hätte zu Rohrpostzeiten gedacht, dass eines Tages nicht Briefe, sondern Menschen durch Röhren gejagt werden?

Einzigartig: Das Entwicklungskonzept ist offen gestaltet, ähnlich dem Betriebssystem Linux. Die Community kann jederzeit Verbesserungsvorschläge einreichen. Für einen von Elon Musk ausgeschriebenen Wettbewerb konnten sich Teams aus aller Welt bewerben. Im Finale auf einer 1,6 Kilometer langen Teststrecke setzte sich das Team der Technischen Universität München durch: Seine Konstruktion war im Unterdrucktunnel die einzige, die die gesamte Strecke bewältigte und zudem mit 324 Stundenkilometern den Geschwindigkeitsrekord aufstellte. Die Zweitplatzierten brachten es im Vergleich auf eher bescheidene 100 Kilometer pro Stunde.

Weil das alles noch nicht teuer genug ist, plant Elon Musk mit seinem Raumfahrtunternehmen SpaceX auch noch den Flug zum Mars, der in der günstigsten Position 56 Millionen Kilometer von der Erde entfernt liegt. In der ungünstigsten sind es sogar 401 Millionen Kilometer. Hier ist also optimales Timing gefragt. Doch es geht nicht nur um den Flug, der für sich allein schon eine Herausforderung ist: Elon Musk sucht nach Möglichkeiten und Technologien, die helfen, den Mars zu besiedeln. Mit Satellitenstarts verdient er die Basis für dieses Vorhaben. Bereits 2018 soll sein Marktanteil in diesem Segment bei 60 Prozent liegen.

Klotzen statt kleckern – mit diesem Selbstbewusstsein geht Elon Musk seine nächste Vision an: ein weltumspannendes Raketennetz. Jede Metropole der Welt soll innerhalb einer Stunde erreichbar sein. Geschwindigkeiten von bis zu 27.000 Stundenkilometern sollen das ermöglichen. Wer hat da noch Angst vor selbstfahrenden Autos? Oder vor Hackern?

Die großen Automobilhersteller haben kein ausgeprägtes Interesse, sich auf neues Terrain zu begeben. Zu viel Zeit und Geld wird in die Verwaltung des Status quo investiert. Volkswagen und Co. konzentrieren sich auf das Zusammenschrauben von Einzelteilen, die zu 75 Prozent von Zulieferern kommen. Lediglich 25 Prozent der in einem Auto verbauten Komponenten entspringen den eigenen Ideenschmieden. Neben dem aus dem eigenen Presswerk stammenden Blechkleid samt Lackierung ist das vielleicht noch der eigene Motor, obwohl auch hier vieles in Joint Ventures produziert wird. Das Polieren des Markenimages verschlingt mittlerweile den Großteil des kreativen Potenzials. Das Resultat: Die Zulieferer sind längst weitaus profitabler als die Automobilhersteller.

Jeff Bezos und die neue Welt

Amazon kennt jeder. Der Aktienkurs des größten Onlinehändlers hat Jeff Bezos zum reichsten Menschen des Planeten gemacht: Im Januar 2018 listete ihn das *Forbes Magazine* mit einem Vermögen von etwa 103 Milliarden US-Dollar auf Platz 1. Eine andere Zahl ist sogar noch eine Spur beeindruckender: Allein in den USA fanden nahezu 44 Prozent des im gesamten Onlinehandel erwirtschafteten Umsatzes den Weg aufs Amazon-Konto.

Weit weniger bekannt als Amazon ist Blue Origin, das Raumfahrtunternehmen, das Jeff Bezos bereits im Jahr 2000 gegründet hat. Kein Wunder, denn sechs Jahre lang hat Bezos die Existenz des Unternehmens erfolgreich geheim gehalten. Erst der Erwerb eines riesigen Testgeländes in Texas rückte das Unternehmen in den Fokus der Öffentlichkeit. Das Alleinstellungsmerkmal von Blue Origin: Vertikal starten konnte bereits Neil Armstrong, doch vertikal landen kann erstmals Blue Origin. Das ist so genial wie sinnvoll, denn dann können die meisten Komponenten wiederverwendet werden, was der gesamten Raumfahrtindustrie unglaubliche Kostenlasten von den Schultern nimmt.

Mit dem Erwerb der *Washington Post* im Jahr 2013 für 250 Millionen US-Dollar aus seiner privaten Schatulle hat Jeff Bezos die Businessexperten vor ein Rätsel gestellt. Auf allen Kanälen wurde spekuliert, welche Absicht dahinterstecken könnte.

Auch das Uhren-Projekt »The Clock of the Long Now«, dem er mit einer 42-Millionen-Dollar-Spende unter die Arme griff, sieht auf den ersten Blick nicht wie ein klassisches Investment aus. Die Uhr wird in einem erschütterungsfreien Stollen auf seinem Grundstück in den Bergen von Texas installiert und zeigt 10.000 Jahre die Zeit an. Ein ausgeklügeltes Glockenspiel sorgt dafür, dass die Melodie der Stundensignale sich niemals wiederholt. Pfiffig: Die erforderliche Energie wird aus dem Temperaturunterschied zwischen Tag und Nacht gewonnen. Das Projekt hat Symbolcharakter - Jeff Bezos möchte damit Entschleunigung propagieren und den Blick auf die vielen Vorteile der Langfristigkeit setzen.

Sein gesamtes Geschäftsmodell basiert auf Langfristigkeit: Gewinne werden nicht abgeschöpft, sondern in die Zukunft investiert. Jeff Bezos ist kein Exzentriker, sondern ein kluger Kopf, der sein finanzielles Know-how auf dem Börsenparkett der Wall Street beim Hedgefonds D. E. Shaw gesammelt hat, wo er sich einst entschloss, seinen gut bezahlten Job aufzugeben, um das Risiko Amazon einzugehen. Das von ihm propagierte Prinzip der Langfristigkeit ist dasselbe, auf dem Warren Buffett, CEO der Holdinggesellschaft Berkshire Hathaway, seinen Reichtum aufgebaut hat. Der Name Buffett hält sich seit über 20 Jahren in den Top 3 der reichsten Menschen der Welt.

Auch Jeff Bezos hat eine Holding gegründet: Bezos Expeditions. Die kümmert sich um die wachsende Zahl an Investments, unter denen sich auch Schwergewichte wie Airbnb, Uber und Google befinden. Die 250.000 Dollar, die Jeff Bezos 1998 in Google investiert hat, haben heute immerhin einen Wert von 3,1 Milliarden Dollar.

Neuland in der alten Welt

Das Silicon Valley ist die Wiege des Internets, und das Internet ist die Wiege der Wirtschaft aller Generationen nach uns. Die meisten haben es damals leider nicht begriffen, aber die Bundeskanzlerin hatte durchaus recht, als sie das Internet als Neuland bezeichnete. Verhöhnt, ausgelacht und verspottet wurde sie für dieses Statement, und das nicht nur von ahnungslosen Zwitscherern, die im Schutze der Anonymität auf alles und jeden einschlagen, der eine andere Meinung vertritt. Rüde Schimpfattacken kamen auch von

Journalisten und Oppositionspolitikern, die sich selbst für kompetent in Sachen WWW hielten.

Neuland: ein einziges Wort, das alles bezeichnet, was die Welt, wie wir sie kennen, und damit auch uns selbst für immer verändern wird. Neuland nicht nur für uns, sondern für die ganze Welt. Die Wahrheit ist doch folgende: Das Internet gibt es bereits seit einigen Jahrzehnten, aber fast 40 Prozent der Menschen dieser Welt sind noch immer nicht online. Für mindestens weitere 50 Prozent ist das Internet bis heute lediglich ein Ort, wo man günstig shoppen kann, in Sachen Geiz noch geiler als geil; ein Ort, wo man Musik und Filme konsumiert; ein Ort, wo man sich Dinge anschauen kann, von denen man nicht mal seinem Partner oder seinen Eltern zu erzählen wagt; ein Ort, wo man spielt, sich informiert und sich austauscht.

Wer ein Smartphone jenseits der 300-Euro-Marke sein Eigen nennt, hält sich für den Mittelpunkt des Kompetenzzentrums. Doch das Internet ist weit mehr, als die meisten auch nur erahnen können. Denn das Internet wächst nicht nur, es entwickelt sich auch. Und zwar exponentiell. Jeden Morgen, wenn wir den Rechner einschalten, betreten wir aufs Neue Neuland. Vertrauen Sie dem Urteil einer Physikerin, die die Dinge von der technischen *und* der politischen Seite betrachtet hat.

Eins ist mehr als sicher: Das Internet wird Zug um Zug Märkte übernehmen und Märkte verschwinden lassen. Wann Ihre Branche dran ist, hängt höchstwahrscheinlich nicht von Ihrer Gegenwehr ab; ausschlaggebend ist lediglich, wann ein Superhirn in Kalifornien sich dazu entschließt, sich ausgerechnet in die Wade Ihres Dienstleistungs- oder Industriezweigs zu verbeißen. Von dem Tag, an dem der Gründer sich dazu entscheidet, Sie anzugreifen, bis zu dem Tag, an dem die feindliche Webseite online geht, vergehen maximal zehn Wochen. Keine Zeit für die behäbige europäische Businesswelt, angemessen zu reagieren.

Europa hat das Fahrrad und das Automobil erfunden, doch in Sachen Mobilität und Beweglichkeit können wir heute längst nicht mehr mithalten. Wir haben, so scheint es, von der Überholspur auf die Standspur gewechselt und lassen langsam ausrollen. Zehn Wochen sind für die europäische Innovationskultur ein Wimpernschlag im Kampf gegen die geballte Intelligenz der restlichen Welt, denn das Internet ist ein Produkt von genialen Menschen, die aus der ganzen Welt nach Kalifornien strömen, um dort ihre überragenden Kompetenzen zu bündeln. Wir starren wie das Kaninchen auf den Monitor und ergeben uns dem Schicksal der Schlachtbank.

Und während unsere Mitarbeiter bereits den Hartz-IV-Antrag ausfüllen, fragen wir uns immer noch: *Ist das eigentlich alles rechtens, was die T-Shirt- und Flip-Flop-Träger mit uns Anzug- und Krawattenträgern anstellen?* Deutschland träumt nach wie vor davon, ein eigenes Silicon Valley zu gründen, um den immensen Erfolg auch in Schwarz-Rot-Gold erstrahlen zu lassen. Ob Silicon Germany oder Spree Valley: So langsam scheint der schlafende Riese tatsächlich zu erwachen, denn insbesondere in Berlin ist eine äußerst aktive Szene entstanden. Aber wie heißt es so schön: Wer seine Träume leben möchte, muss erst einmal aufwachen. Vielleicht erwacht dann auch die Erkenntnis, dass die Welt nicht unbedingt ein zweites Silicon Valley braucht, sondern Maschinen und Anlagen, ohne die Software vor allem eins wäre: wertlos.

Die letzten Worte dieses Kapitels überlasse ich dem Regisseur François Truffaut, der vermutlich auch ein ganz passabler Unternehmensberater gewesen wäre: »Man kann niemanden überholen, wenn man in seine Fußstapfen tritt.«

Kapitel 3: Schlaraffenland ist neu entbrannt

Kreativität: Mutter und Motor der Innovation

Bücher gab es schon lange vor der Erfindung des Buchdrucks durch Johannes Gutenberg. Doch wie man Bücher massenweise unters Volk bringt, hatte noch kein Mensch vor ihm erdacht. Er war sozusagen der Jeff Bezos des 15. Jahrhunderts, denn der schlug mit seiner digitalen Plattform, über die anfangs nur Bücher verkauft wurden, in exakt dieselbe Kerbe. Jeff Bezos hat Gutenbergs Idee neu gedacht und genau wie dieser die Welt in eine völlig neue Richtung gelenkt.

Die Erfindung des Buchdrucks war ein echter Meilenstein. Niemand, nicht einmal Gutenberg, konnte auch nur erahnen, wie sehr diese Erfindung die Welt verändern würde. Der Meilenstein Digitalisierung kann mit derselben Unvorhersehbarkeit aufwarten: Wir wissen, dass die Welt sich verändern wird, und wir können davon ausgehen, dass das Tempo das des Buchdrucks um ein Vielfaches übertreffen wird. Wo wir allerdings in zehn oder 20 Jahren landen, wie sich Businesswelt und Gesellschaft bis dahin verändern, darüber können wir nur blind spekulieren.

Wir können aber aus der Geschichte lernen und uns deshalb gewiss sein, dass Technologie Veränderungen generiert, die in kürzester Zeit weitere Veränderungen nach sich ziehen, die ebenfalls die Welt auf den Kopf stellen. Die Spirale ist nicht mehr aufzuhalten. Aber wir müssen auch bereits jetzt einsehen, dass Technologie allein nichts Bleibendes erzeugen kann. Das kann nur unserer Kreativität gelingen, die darüber bestimmt, wie wir Technologie für unsere Zwecke nutzbar machen. Wir müssen uns im Klaren darüber sein, dass das, was wir aus den Möglichkeiten und Chancen formen, bestehende mit neu erdachten Systemen zu verknüpfen, unglaubliche Werte erzeugen kann.

Diese Werte gilt es zu beherrschen, bevor sie uns beherrschen. Wir dürfen also nicht nur ständig weitere Ideen gebären, sondern müssen auch die Konsequenzen unseres Schaffens voraussehen. Das war bis heute das Manko: Die Wissenschaft hat so lange geforscht, bis Dolly erschaffen war – und erst danach die Diskussion über Ethik in Gang gesetzt. Wir dürfen also nicht nur in Bezug auf Produktivität neue Kreativität entfalten, sondern müssen das auch in der Diskussion leisten. Das Denken sollte der Veränderung immer einen Hauch voraus sein.

Kreativität ist Schöpfung

Wenn wir heute etwas produzieren, verkaufen wir es nicht auf dem lokalen Wochenmarkt, sondern auf der ganzen Welt. Wer für Nischen produziert, sollte sich überlegen, wie er sein Produkt durch Veränderung auch massentauglich machen könnte. Hohe Reichweiten generieren hohe Stückzahlen, und die müssen systematisch produziert, gelagert, verwaltet und transportiert werden. Hier sehe ich übrigens eines der Erfolgsgeheimnisse von Jeff Bezos: Als er seine Idee entwickelte, war die komplette Infrastruktur bereits vorhanden. Lieferanten, Software, Lagerhallen und Versanddienstleister mussten nur intelligent koordiniert werden, um maximale Effizienz zu erzeugen.

Konkurrenz lässt sich aufhalten, Zukunft nicht: Wie alle Internetplattformen vor und nach ihm hat sich Amazon einfach mit seinen großen Ellenbogen zwischen Anbieter und Endkunde gedrängt und

Abhängigkeiten produziert. Das einzig Geniale an der Idee war, dass Amazon keine bestehende Lücke ausgefüllt, sondern sie kurzerhand erzeugt und es sich dann dort bequem gemacht hat. Produktiver und effektiver kann Kreativität kaum sein.

Neues erfinden, indem man Altes weiterentwickelt: Das ist die Essenz von Kreativität. Das, was die alten griechischen Philosophen einst gedacht haben, machen wir uns heute täglich zunutze. Alle klugen Gedanken der Menschheitsgeschichte, die dem Einzelnen bewusst sind, fließen in die Entwicklung seiner neuen Ideen ein, denn es ist die Anzahl der Blickwinkel, die eine Idee entstehen lassen und dann nach vorn bringen.

Das ist auch der Grund, warum Teams in der Summe deutlich kreativer sind als Einzelkämpfer. Neue Gedanken zulassen, die Grundidee verbessern, nach noch nicht Gedachtem, nach noch nie Ausgesprochenem suchen: Das macht Kreativität aus. Und genau das ist es auch, was eine Maschine niemals leisten wird, auch wenn der Begriff »künstliche Intelligenz« uns dies immer wieder vorgaukeln möchte. Intelligenz und Kreativität werden auch morgen und übermorgen noch zwei Paar Schuhe sein, mögen Programme und Maschinen auch heute schon Songs komponieren oder Bilder malen. Aber seien wir ehrlich: Wenn ein Saugroboter wirre Muster im Teppich erzeugt, ist das noch lange keine Kunst.

AI vs. AGI

Spannend wird künstliche Intelligenz (AI), wenn sie sich zu Artificial General Intelligence (AGI) weiterentwickelt. Wenn Maschinen kognitive Fähigkeiten erhalten, die ihnen ermöglichen, Daten selbst zu erheben und durch ausgeführte Operationen dazuzulernen, eröffnen sich neue Möglichkeiten der Digitalisierung von Aufgaben. Maschinen könnten dann Gefahren erkennen, Entscheidungen treffen und jede unserer Sprachen zu ihrer Muttersprache machen. Kommunikation weit jenseits der derzeitigen Möglichkeiten von Alexa, Siri und Co. wäre dann möglich. Echte Dialoge sind der nächste logische Schritt.

Das ist zwar in großen Teilen noch Utopie – aber wie schnell sich Utopie in Realität verwandeln kann, haben wir in den letzten fünf Jahren anschaulich vorgeführt bekommen. Google versucht zurzeit, Maschinen ein Kurzzeit- und Langzeitgedächtnis anzutrainieren. Das Unternehmen hat die Spielregeln, wie wir auf die erste Seite kommen, durch den Einsatz künstlicher Intelligenz dramatisch verändert.

Vereinfacht könnte man sagen, dass Google Clienting in Reinkultur umsetzt: Es geht bei der Bewertung einer Seite immer weniger um Keywords und immer mehr um das Nutzerverhalten. Google schaut mit den Augen Ihrer Kunden auf Ihre Seite, nicht mit Ihren Augen.

Ob ein Computer irgendwann höhere Leistungen in Schach oder Go erzielt, macht dann nicht mehr den Unterschied. Wenn sich allerdings Computer durch Deep Learning immer weiterentwickeln und Entscheidungen treffen, die wir selbst nicht mehr ethisch kontrollieren können, ergeben sich ganz neue Gedankenexperimente: Wer haftet bei Fehlentscheidungen einer Maschine? Kann eine Maschine für das Resultat einer Rechenoperation verantwortlich gemacht werden? Kann und darf sie überhaupt Verantwortung tragen, wie es ein Mensch kann? Wenn immer komplexer werdende Denkprozesse von Maschinen für den Menschen nicht mehr nachvollziehbar sind, sollte staatliche Regulierung genau das unterbinden.

Die Welt, wie sie heute ist, haben wir selbst erschaffen: Die geballte Kreativität unserer klügsten Köpfe hat den Homo sapiens in einen Homo digitalis verwandelt. Während alle Tiere auf der

Entwicklungsstufe 1.0 verharren, springen wir von Evolutionsstufe zu Evolutionsstufe, von Update zu Update. Die Sprünge werden effektiver: Mit jeder weiteren Generation steigen nicht nur unser IQ und unsere körperliche Leistungsfähigkeit, sondern auch unsere Unverwundbarkeit. Wir registrieren endlich unseren Einfluss auf die Umwelt, erkennen Notwendigkeiten und stoßen auf Neuland in einer Welt, in der doch jeder physische Ort bereits entdeckt zu sein schien.

Ob unsere Kreativität uns ins Paradies führt oder zurück in die Höhle, hängt davon ab, ob wir die Produkte unserer Kreativität nutzen oder nicht. Äußerst kreativ, zumindest auf den ersten Blick, ist zum Beispiel die Idee, Gehirne oder ganze Menschen mittels Kryotechnik einzufrieren und in 50 oder 5.000 Jahren wieder aufzuwecken, abhängig davon, wann Technologie dies ermöglicht. Man wäre zwar in 5.000 Jahren der dümmste Mensch auf dem Planeten, aber Fortschritt hatte schon immer seinen Preis.

Einfrieren scheint eine Lebensversicherung par excellence, eine Überlebensgarantie im wahrsten Sinne des Wortes zu sein. Doch auch dieses Gedankenexperiment ist zum Scheitern verurteilt, denn ab dem Tag, an dem die Möglichkeit der Wiederauferstehung existiert, möchten alle sie nutzen. Und glauben Sie mir: Wenn niemand mehr stirbt, sind wir alle verloren.

Bis heute hat uns unsere Kreativität Dinge beschert, die wir am liebsten nie erfunden hätten. Sie können bestimmt aus dem Stegreif ein paar Dutzend aufzählen, doch es kommen mit Sicherheit noch ein paar Tausend dazu, wenn wir die Möglichkeiten der Digitalisierung ausreizen. Schon heute werden im Internet Baupläne (sprich: Druckdateien) zum Download angeboten, die es ermöglichen, mit einem handelsüblichen 3-D-Drucker funktionstüchtige Pistolen im Kinderzimmer auszudrucken. Nur die Patrone im passenden Kaliber fehlt dann noch. Aber auch die wird kommen.

Kreativität galt bisher als die Spielwiese der Künstler. Alle anderen werden in Familie und Schule auf Rationalität gedrillt. Wir werden gepolt, uns auf die Anwendung des bereits Existierenden zu konzentrieren. Wir sollen uns in unserem Denken der Vernunft und dem Zweckmäßigen unterwerfen. *Denken* ist Trumpf, nicht *Wunschdenken*.

Kinder sind äußerst kreativ, werden aber nicht gefördert. Mit Sätzen wie »Lass das, das kannst du noch nicht« wird versucht, lösungsorientiertes Denken (und nichts anderes ist schließlich Kreativität) im Keim zu ersticken. Was mit Gewalt klein gehalten wird, hat kaum eine Chance zu überleben. Von Weiterentwicklung können wir da nur träumen.

Kreativität in Theorie und Praxis

In allen deutschen Unternehmen werden kreatives Denken und Teamfähigkeit auf die Wunschliste gesetzt und in Stellenanzeigen entsprechend kommuniziert. Doch wenn der Querdenker dann eingestellt ist und seinen Gedanken freien Lauf lässt, erhält er den Stempel »größenwahnsinniger Spinner« und wird entweder auf das Standarddenken eingenordet oder gefeuert.

Denken braucht Zeit. Und Denker werden unter Druck gesetzt, damit sie noch mehr denken. So werden den großen Denkern und denen, die es sein könnten, sogar die Arbeitspausen genommen. Essen kann man auch am Schreibtisch während der Arbeit.

Doch Pausen sind wichtig, denn Pausen sind die Zeiträume zwischen dem Gewesenen und dem, was noch kommt. Sie sind die Inseln im Fluss der Zeit, der heilige Boden, der kreatives Denken erst möglich macht. Die besten Ideen kommen uns unter der Dusche, beim Rasenmähen, in der Badewanne und ganz besonders immer dann, wenn wir die Augen schließen.

Wenn wir schlafen, werden Körperfunktionen vom Gehirn auf das erforderliche Minimum runtergefahren, um in der Traumphase Energie bereitstellen zu können, die es ermöglicht, das am Tag Erlebte zu verarbeiten. Wir sind irgendwann von der Außenwelt völlig isoliert, und unser Gehirn befindet sich in einem dunklen Raum, wo es neue kreativitätsfördernde Synapsen bilden kann.

Diesen neurologischen Kniff machen sich moderne Unternehmen zunutze: Sie stellen den Denkmaschinen unter ihren Mitarbeitern sogenannte *Dark Rooms* zur Verfügung, in denen in völliger Dunkelheit und Ruhe Ideen entwickelt werden können. Studien haben dieser Methode eine rund 30-prozentige Steigerung der Kreativität bescheinigt. Wahre Erleuchtung findet also – wer hätte das gedacht – deutlich besser im Dunkeln statt.

Die Gründe sind offensichtlich: keinerlei Ablenkung visueller Art, keine Informationen und Reize, die nebenbei verarbeitet werden müssen. Die Abwesenheit von Störsendern stellt weitere Kapazitäten im Gehirn zur Verfügung; vorhandene Ressourcen werden also deutlich besser genutzt. Auch Teamarbeit und Brainstorming profitieren von der Abwesenheit von Licht: Wer einen Vorschlag in den Raum wirft, macht das deutlich ungezwungener, denn er kann nicht von den Blicken der Kollegen vorverurteilt oder sogar vernichtet werden.

Modernes Brainstorming setzt nicht in erster Linie auf Qualität, sondern auf Quantität, denn durch Weiterdenken werden auch mittelmäßige Gedanken zu Ansätzen mit hohem Lösungspotenzial. Brainstorming ist ein Mannschaftssport, und das Team mit dem höchsten Grad an Diversität ist Favorit. Gemeinsames Generieren von Ideen profitiert außerordentlich von personeller Vielfalt, denn die Unterschiedlichkeit der Denkansätze bringt auch neue Lösungen zur Welt, die sonst nie erdacht worden wären. Harmonie und Lösungen entstehen nicht selten auch aus Widersprüchen, Differenzen und Gegensätzen. Durch Reibung entsteht Feuer.

Kreativität: eine Frage der Kultur

Wir brauchen Kreativität. In Zukunft mehr denn je. Und damit Querdenker und Regelbrecher. Ohne Kreativität werden wir immer auf denselben Wegen laufen und uns wundern, dass wir ständig wieder dort ankommen, wo wir schon immer waren. Kreisläufer waren noch nie Entdecker. Die wichtigste Voraussetzung für Erfolg ist das Ausbrechen aus alten Mustern.

Auch für Kreativität müssen Voraussetzungen geschaffen werden. Die wichtigste ist ein breites Wissen, die zweitwichtigste ist die Fähigkeit, aus diesem Wissen neue Verbindungen zu erschaffen, neue Zusammenhänge zu erkennen. Irgendwo dazwischen liegt noch eine dritte wesentliche Voraussetzung: Angstfreiheit. Nur wer ohne Strafe denken darf, ist frei genug, wirklich groß zu denken. Genau dieser Aufgabe stellen wir uns in unserem Zukunftsstrategie-Workshop mit unseren Kunden. Und das hat bisher über 500 Mal geklappt. Viele sind verblüfft, weil es im Nachhinein einfach offensichtlich war. Man hat es nur vorher nicht gesehen.

Damit wären wir bei einem weiteren brisanten Thema, das in der Diskussion über Digitalisierung immer wieder als Grund für unseren Mangel an digitaler Kreativität angeführt wird: die Fehlerkultur. Ständig wird die deutsche Wirtschaft dafür kritisiert, dass sie Fehler bestraft und Gescheiterte für alle Zeiten ächtet, während Fehler in Silicon Valley als wesentlicher Teil des Lernprozesses angesehen werden. Gescheiterte Gründer, so heißt es, werden dort mit ihrer nächsten Idee mit offenen Armen empfangen, weil ihr Konzept unter Berücksichtigung der vergangenen Fehler neu gedacht ist und diese Fehler sich zudem niemals wiederholen werden. Doch wissen Sie was? Dieser Vorwurf ist an den Haaren herbeigezogen, denn er basiert auf einem Vergleich von Äpfeln mit Birnen.

Werfen wir zur Aufklärung dieses Missverständnisses nur einen kurzen Blick auf die Absatzzahlen im Bereich Smartphones: In den letzten fünf Jahren wurden 1 Milliarde Smartphones mit dem Betriebssystem iOS verkauft. Die Zahlen auf der Android-Seite liegen sogar deutlich darüber. Was passiert, wenn ein Programmierer einen Fehler macht und Ihr Smartphone nach einem Update nicht mehr fotografieren kann? Wenn 1 Milliarde Nutzer nicht mehr telefonieren können? Wenn WhatsApp an Silvester zusammenbricht?

Richtig: nichts. Sie ärgern sich ein bisschen, warten ansonsten einfach auf das nächste Update und widmen sich wieder gut gelaunt dem Tagesgeschehen. Jeder darf stöhnen, aber niemand darf klagen, wenn ein kostenloser Service nicht funktioniert. Und selbst ein kostenpflichtiger Service wird durch die Akzeptanz entsprechender Nutzungsbedingungen unverwundbar.

Und jetzt die andere, die deutsche Seite: Wenn ein Automobilhersteller bei der Qualitätskontrolle schlampt und ein 10-Cent-Bauteil minderer Güte verbaut, kann das zu Rückrufaktionen mit Kosten in dreistelliger Millionenhöhe führen. Ein Update lässt sich hier nicht so einfach in die Cloud legen, sondern hier muss das Teil in der Werkstatt von Meisterhand ausgetauscht werden. Und dann sind da ja noch die Zulieferer, die rund 75 Prozent zu einem Auto beitragen: Uns allen klingt noch das Schicksal des japanischen Zulieferers Takata in den Ohren, der 2017 in den USA und in der japanischen Heimat Insolvenz anmelden musste – eine der größten Insolvenzen der japanischen Wirtschaftsgeschichte überhaupt, denn der Konzern beschäftigt weltweit rund 49.000 Mitarbeiter.

Takata, Hersteller von Insassenschutzsystemen, hatte 2001 (also 16 Jahre zuvor!) den Airbag-Treibstoff Tetrazol gegen Ammoniumnitrat ausgetauscht. Man hat ein paar Yen pro Airbag gespart, aber nicht berücksichtigt, dass sich Ammoniumnitrat im Laufe der Jahre schneller zersetzt, was zu Unfällen mit 16 Todesopfern und Strafzahlungen in Milliardenhöhe geführt hat.

Fehler fernab von Apps können verheerend sein. Und glauben Sie mir: Es macht Tote nicht wieder lebendig, wenn man aus Fehlern lernt. Unterm Strich steht die Wahrheit: Start-ups verlieren wenig, wenn sie Fehler begehen oder scheitern. Große Unternehmen verlieren alles.

Jedes technische Produkt muss bei der Auslieferung ohne Wenn und Aber perfekt sein, sonst ist der Kunde weg. Das gilt nicht nur für Smartphones und Waschmaschinen, sondern auch für Software, denn wenn die Steuerungssoftware eines Atomkraftwerks oder eines Autopiloten eine fehlerhafte Programmzeile enthält, wird der Verursacher sicherlich kein Schulterklopfen für seine fortschrittliche Fehlerkultur erhalten.

Bei Software, die Privatleuten das Shoppen, Spielen und Posten erleichtert und für den Endkunden zudem kostenlos ist, sind wir auf einer völlig anderen Ebene der Diskussion. Ein Schaden hat für den Anbieter keine Folgen, denn niemand wird ihn für seinen Fehler haftbar machen können. Hier gilt deshalb eine völlig andere Form der Fehlerakzeptanz.

Fehler außerhalb einer kostenlosen App können tödlich sein:

- Ein Dichtungsring für wenige Cent war es, der am 1. Februar 2003 die Explosion des Spaceshuttle Columbia verursachte.

- Am 3. Juni 1998 entgleiste bei Eschede der ICE 884 »Wilhelm Conrad Röntgen«. 101 Passagiere verloren dabei ihr Leben. Die Ursache: Sparmaßnahmen bei den Rädern, die nicht mehr aus einem Guss, sondern aus Modulringen gefertigt wurden, die günstiger zu reparieren waren, denn nur das defekte Modul, nicht das ganze Rad, musste im Schadensfall ausgetauscht werden.

Das Null-Fehler-Prinzip ist also in vielen Bereichen überlebenswichtig. Nach ein paar Rückrufaktionen sind nicht nur die Kassen leer, sondern auch der Ruf dermaßen ramponiert, dass es eine ganze Weile dauert, das Vertrauen der Kunden komplett zurückzugewinnen, wenn es überhaupt jemals gelingen sollte. Auch das sind Kosten, und zwar in Form von gar nicht erst generierten Gewinnen.

Software lässt sich im Cloudzeitalter fast schon kostenneutral um die Welt transportieren – das Update kann auch ein absoluter Laie aufspielen. Hardware hingegen gehört nicht nur in der IT-Branche in die Hände von Experten.

Den Begriff »Fehlerkultur« möchte ich deshalb an dieser Stelle neu definieren. Es geht darum, dass derjenige, der im Verlaufe eines komplexen Projekts am meisten denkt, am meisten leistet und am meisten zur Lösung eines Problems oder zur Umsetzung einer Idee beträgt, nach den Gesetzen der Wahrscheinlichkeitsrechnung auch am meisten Fehler macht. Und dieses Recht muss man ihm zugestehen, auch wenn wir wissen, dass Topleute eher wenig Fehler machen. Doch selbst diese wenigen Fehler muss die hauseigene Qualitätskontrolle vor der Implementierung in die Produktion, spätestens aber vor der Auslieferung des Produkts entlarven. Nur diese Definition von Fehlertoleranz kann die richtige sein.

Design Thinking: Brandbeschleuniger für Kreativität

Eins haben die meisten von uns mittlerweile begriffen: Dramatische Veränderungen, die innerhalb und außerhalb der Märkte stattfinden, lassen es nicht zu, dass wir weitermachen wie bisher. Aber begreifen allein reicht nicht aus. Wer jetzt nicht angemessen auf diese Veränderungen reagiert, degradiert sich selbst zum Nachzügler, vermutlich sogar zum Verlierer. Wer den Warnschuss als Weckruf interpretiert, muss sich unmittelbar danach fragen: Welche Chancen bieten sich mir? Was *muss* ich tun und was *kann* ich tun?

Neues Denken muss erlaubt sein. Ansätze wie Disruptive Thinking und Design Thinking werden ja bereits ausgiebig diskutiert und auch umgesetzt. Eine weitere wichtige Erkenntnis schält sich heraus, die uns einen Vorteil beschert: Je mehr wir automatisieren, desto mehr Zeit bleibt uns fürs Denken, für Brainstorming und Ideenfindung. Wir generieren in diesen Denkphasen neue Meilensteine, die uns noch mehr Zeit zum Denken gewähren.

Das bisherige Denken über das Denken ist gescheitert: Wir können nicht acht bis zehn Stunden täglich arbeiten und glauben, dass wir abends beim Rotwein verwertbare Ideen in Serie ausspucken. Und wir können auch nicht zehn Stunden täglich mit Denkleistungen unser Geschäftsmodell an allen Ecken und Enden optimieren und stärken, um am Abend plötzlich disruptive Ideen gegen uns selbst zu entwickeln. Das müssen Denker von außen leisten, die das große Ganze überblicken, ohne durch die Unternehmensbrille geblendet zu werden.

Aber Denken allein nützt nichts: Die Bereitschaft zum Handeln muss in den Köpfen entfacht werden, und die Unternehmensführung muss den Startknopf drücken, der das Umsetzen der Zukunftspläne in Gang setzt. Neustart im laufenden Betrieb ist eine echte Herausforderung, und ein solcher Neustart kann nur funktionieren, wenn auch der Letzte verstanden hat, warum dieser Aufwand notwendig ist. Wenn die uns anerzogene Perfektion dafür sorgt, dass wir bei der Umsetzung fehlerfrei bleiben, werden die Rückschläge und Verluste deutlich geringer ausfallen als in Silicon Valley.

Design Thinking ist ein weiterer Ansatz, der Kreativität fördert. Designer hatten schon immer ein Faible dafür, Bedürfnisse mit funktionierenden Lösungen zu befriedigen. Weiterdenken bedeutet im

Designerjargon, dass man etwas besser zurücklässt, als man es vorgefunden hat. Man pflückt etwas auseinander und setzt es mit einigen Veränderungen wieder neu zusammen, sodass das modifizierte Produkt einen Mehrwert oder eine höhere Funktionalität bietet.

Natürlich kann man Denken nicht designen wie einen Stuhl oder eine App, aber man kann Methoden definieren, bei denen sämtliche Blickwinkel miteinbezogen werden, die zur Problemlösung auch nur ansatzweise beitragen könnten. Dazu gehören interaktive Herangehensweisen ebenso wie Prototyping, denn erst durch Visualisierung können entstandene Fehler erkannt werden.

Für diese Form der Produktentwicklung braucht es natürlich die richtigen Leute, die auf der einen Seite die Standards der unternehmenseigenen Produktionsprozesse kennen und auf der anderen Seite bei ihren Überlegungen auch das eigentliche Ziel nie aus den Augen verlieren: den Nutzen für den Kunden. Dessen Zufriedenheit mit dem zu entwickelnden Produkt muss immer im Zentrum der Denkprozesse stehen.

Die meisten von uns müssen dabei erst einmal lernen, ihre Mustersuche und ihr Schubladendenken aufzugeben. Erfahrungsschätze sind wertvoll, wenn man etwas Altes verbessern möchte. Wer hingegen auf der Suche nach dem Neuen ist, nach dem Produkt, das in der Lage ist, das Alte für immer abzulösen, muss das alte Wissen im richtigen Moment ausblenden können. Welche Materialien, Werkzeuge und Hilfsmittel stehen mir zur Problemlösung zur Verfügung? Könnte eine weitere Zutat, an die noch niemand gedacht hat, den Durchbruch bringen?

Nur wer für sein Unternehmen die richtigen Fragen formuliert, kann auch die richtigen Antworten finden. So wie der preußische Astronom Nikolaus Kopernikus, der sich vor einem halben Jahrtausend fragte, ob vielleicht nicht die Erde, sondern die Sonne der

Mittelpunkt unseres Sonnensystems sein könnte. Aber das ist lange her. Hauptsache, Sie haben aus der Geschichte gelernt – und identifizieren heute den Kunden als Mittelpunkt Ihres Sonnensystems.

Jedes Unternehmen sollte dem Ansatz des Design Thinking eine Chance geben, denn gezieltes Denken reduziert die Abhängigkeit vom Faktor Zufall. Es ist kein Geheimnis: Zu viele Innovationen wurden bisher rein zufällig entdeckt oder entwickelt. Eine gezielte Herangehensweise ist da in der Theorie schon deutlich effektiver, auch wenn Ideen natürlich auch weiterhin nicht auf Knopfdruck entstehen können oder gar sprudeln.

In den bestehenden Geschäftsmodellen sind die Rangfolgen leider immer noch in Stein gemeißelt. Die Entwicklungsabteilung denkt, der Vertrieb bringt das Produkt an den Mann. Aber ich sehe schon den Silberstreif am Horizont, denn es leuchtet mittlerweile immer mehr Verantwortlichen ein, dass die Mitarbeiter am Point of Sale den Kunden und seine Bedürfnisse deutlich besser kennen als der Vorstand. In den meisten Unternehmen haben die Kontakter allerdings weder die Zeit noch die Befugnis, bessere Lösungen zu erdenken.

Wer oder was hindert Sie eigentlich daran, diesen Stolperstein noch heute zu entfernen? Setzen Sie sich mit Ihren Leuten und Kunden zusammen und denken Sie quer. Stellen Sie sich die Frage: Was bringt Kundennutzen? Und welche der in den Raum geworfenen Lösungen gibt es noch gar nicht? Die Antwort darauf ist Ihre Zukunftsstrategie. Die Lösung liefern Sie – der Kunde signalisiert nur, was ihm fehlt.

Aber Achtung: Oft weiß er nicht einmal, was ihm fehlt, weil er das eigentliche Problem gar nicht identifizieren kann. Zumindest kann er jedoch seine »Kittelbrennfaktoren« schildern. Ihre Kreativität muss die Lösung liefern.

Im Design Thinking versteckt sich übrigens auch das Erfolgsgeheimnis der Start-ups: Das dort mit Vorliebe praktizierte Prototyping basiert auf dem Prinzip »Trial and Error«. Es wird laufend experimentiert und visualisiert, nicht prognostiziert. Glänzender Nebeneffekt: Es wird auch nicht wie in Traditionsunternehmen Wochen im Voraus geplant und gedacht, weil jede neue Idee diese Pläne sowieso über den Haufen wirft.

Design Thinking ist längst nicht mehr nur eine Methode, neue Lösungen zu generieren, sondern auch ein fantastisches Werkzeug, um die Mitarbeiter untereinander zu vernetzen. Die Qualität eines Teams bewertet sich immer nach seiner Effizienz, und gemeinsames Denken schweißt genauso zusammen wie gemeinsame Freizeitaktivitäten. Der Begriff »Arbeit« wird durch die unkonventionellen Ansätze des Design Thinking also völlig neu definiert. Und wenn Sie dann noch vom Thinking ins Acting kommen, ist die Zukunft gesichert.

Abwechslung: Petrischale für Kreativität

Routine ist Gift für Kreativität. Wer den wirklich kreativen Ideen Spielraum geben möchte, muss neue Umgebungen suchen, denn nur neue Umgebungen liefern bisher nicht gekannten Input. Nichts leichter als das: Lauschen Sie bei Spotify fremden Playlists, von denen Sie keinen einzigen Song kennen. Wer 30 Jahre lang dieselbe Musik hört, findet nur schwer neue Tanzschritte. Lesen Sie Bücher von Autoren, die in Ihrem Regal schon immer fehlten. Es gibt schließlich mehr als nur die eine Welt, die Sie schon immer kannten. Fliegen Sie nicht zum 50. Mal nach Mallorca, sondern bereisen Sie ein Land, in dem Sie im Traum nicht gelandet wären. Oder reservieren Sie doch einfach einmal einen Tisch in einem Restaurant, dessen Speisekarte nicht in Ihre Ernährungsroutine passt.

Neue Klänge, neue Worte, neue Bilder, neue Düfte, neue Inhalte: Ihr Gehirn erschafft neue Verbindungen, die Ihnen helfen, das bisher

Unbekannte zu nutzen, um Lösungen für ein schier unlösbares Problem zu finden. Wenn Sie mehr Werkzeuge in Ihrem Portfolio versammeln, können Sie ganz anders als bisher gestalten. Große Wissenschaftler und Erfinder wie Einstein, Tesla und Mendelejew, der den Grundstein für das Periodensystem der Elemente legte, hatten Ihre Heureka-Momente im Schlaf, beim Spaziergang oder in einer völlig fremden Umgebung, wo sie von unvorhersehbaren Gedankenblitzen getroffen wurden.

Geben Sie Ihren Gedanken Raum zu wachsen, experimentieren Sie mehr. Fordern Sie Kollegen auf, Ihre Gedanken weiterzudenken. Und wenn das nicht funktioniert, fragen Sie einfach einmal einen völlig Fremden, der auf einem ganz anderen Gebiet seine Denkmuster formt. Denken Sie nicht linear, sondern bewusst absurd. Je vernetzter Ihre beiden Gehirnhälften miteinander kommunizieren, desto ungewöhnlicher und hilfreicher ist der Output. In dieser Kategorie werden wir dem Computer vermutlich immer überlegen sein, denn er kann nur Output erzeugen, der auf Kombination beruht, nicht auf Kommunikation – und erst recht nicht auf Inspiration.

Empathie, Vorstellungskraft, Fantasie, zögern, abbrechen und noch einmal ganz von vorn denken: Alles, was uns zu kreativen Menschen macht, fehlt der künstlichen Intelligenz. Ein Computer muss sich weiterhin damit begnügen, gespeicherte Muster abzurufen und anzuwenden. Auch wenn der Supercomputer Watson von IBM in dieser Disziplin beachtliche Fortschritte erzielt.

Kreativität ist kinderleicht

Ende der Sechzigerjahre entwickelte der amerikanische Wissenschaftler Dr. George Land einen Test für die NASA, mit dem die Bundesbehörde Bewerber auf Ingenieurstellen nach ihrem Kreativitätslevel filtern konnte. Weil niemand wusste, ob Kreativität angeboren ist oder sich aus gesammelten Erfahrungen und Wissen generiert, führte der Wissenschaftler einen altersgerechten Kreativitätstest mit 1.600 Kindern im Alter von fünf Jahren durch. Das Ergebnis erstaunte selbst den Experten, denn es glich einer Offenbarung: 98 Prozent der fünfjährigen Probanden erreichten die maximale Punktzahl – und damit das Kreativitätsniveau eines Genies.

Dr. Land entschloss sich zu einer umfangreichen Langzeitstudie. Fünf Jahre später führten die inzwischen Zehnjährigen einen dem Alter angepassten Test durch. Das Ergebnis war schockierend: Nur noch 30 Prozent erreichten den höchsten Level. Weitere fünf Jahre später glänzten nur noch 12 Prozent der Kinder mit dem Höchstwert. Erwachsene mit einem Durchschnittsalter von 31 Jahren schnitten schließlich katastrophal ab: Für eine Quote von nur noch 2 Prozent erhielten die Probanden mit der größten Lebenserfahrung die rote Laterne.

Kreativität wurde uns also im wahrsten Sinne des Wortes in die Wiege gelegt. Doch irgendwo auf dem Weg zum Erwachsenen ist sie uns abhandengekommen. Der Verlust ist hausgemacht: Wir selbst sind es, die die Gedankenkraft unserer Kinder zugrunde erziehen. Und damit auch unsere eigene. Kreativität kann Innovationen allerdings nur erschaffen, wenn die Gedanken mit voller Kraft unbeschwert schweifen können.

Doch unser System sensibilisiert uns für eine Vorgehensweise, die auf übertriebener Vorsicht aufbaut: Wir bewerten jeden einzelnen Schritt, kritisieren und werden kritisiert – und ab einem gewissen Punkt haben wir Angst zu scheitern, wann immer wir eine Entscheidung treffen müssen. Am Ende sind wir entmutigt und überlassen anderen das Denken und Urteilen. Aber wir sind noch nicht verloren: Der Teil des Hirns, der so unbeschwert wie ein fünfjähriges Kind denken darf, ist der Teil, mit dem wir träumen. Wir müssen nur noch lernen, ihn wieder im Wachzustand zu nutzen.

Kreativität braucht allerdings neue Motivation. Neue Gedanken werden uns irgendwann nicht mehr zufliegen, wenn wir immer an denselben Orten denken. Tapetenwechsel, Luftveränderung, ein neues Team, ein neuer Arbeitsplatz: Überall kann plötzlich Neues entstehen, wenn man die ruhige Umgebung, die man zum Träumen braucht, auch zum Denken nutzen kann.

Sensible Menschen haben deutlich stärkere Tendenzen zu kreativen Träumen, weil in der REM-Schlafphase der logische Teil des Gehirns ruhiggestellt wird, während der emotionale hellwach ist. Und Menschen, die sich besser an ihre Träume erinnern können, sind nachweislich kreativer, denn in den Traumphasen erwachen unsere Synapsen und finden neue Assoziationen, die der Problemlösung zugutekommen. Kreativität ist durchaus eine Form von Intuition. Träumen Sie los! Träumen ist schließlich alles – nur kein Privileg. Wenn wir disruptive Strategien entwickeln wollen, müssen wir anderes Denken neu lernen. Und uns dabei auf unsere angeborene Kreativität besinnen.

Kapitel 4: Scheitern mit System

Warum nicht Unternehmen, sondern Netzwerke die Märkte von morgen beherrschen

Welches Unternehmen ist nach Ihrer Einschätzung mehr wert als Apple oder Google? Vermutlich fällt Ihnen da nur eine Antwort ein, denn es ist – zumindest aus Ihrem Blickwinkel – das vermutlich wertvollste Unternehmen der Welt: Ihr eigenes. Vielleicht, weil Sie dort seit Jahren oder gar Jahrzehnten gern Schweiß, (Herz-)Blut und Tränen investieren. Vielleicht, weil Sie es sogar gegründet und zum Mittelpunkt Ihrer Welt gemacht haben.

Und weil es Ihnen so ans Herz gewachsen ist, schützen Sie es an beiden Toren nach Kräften vor Eindringlingen: Tor Nummer eins ist das Werkstor, das der Sicherheitsdienst rund um die Uhr bewacht. Keine Maus kommt ungesehen rein oder raus. Tor Nummer zwei ist die Firewall, die von den Mitarbeitern Ihrer IT-Abteilung rund um die Uhr gepflegt, poliert und aufgerüstet wird, um auch den kleinsten Trojaner auf Abstand zu halten.

Doch wie viele Mitarbeiter beschäftigen Sie im Ausguck? Mitarbeiter, die den Markt beobachten und Sie rechtzeitig vor am Horizont auftauchenden Disruptoren warnen? Und wie viele Experten sitzen in Ihrem Thinktank, der selbst nach Kräften disruptive Ideen entwickelt?

Wer am Tag X sein eigener Disruptor ist, wird vermutlich auch der Einzige sein, der nicht unvorhergesehen vom Markt gefegt wird. Ich kann Ihnen das aus meiner eigenen Erfahrung als Unternehmer und Inhaber bestätigen. Meine Firma führe ich mittlerweile seit über 35 Jahren und ich weiß gar nicht mehr, wie oft ich mich mit meinem Team neu erfinden musste. Erfolg ist wie die Aktie von gestern, wenn man nicht die Zukunft im Blick hat.

Natürlich habe ich mit meinem Buch *Das Einzige, was stört, ist der Kunde – Clienting ersetzt Marketing* die Businesswelt ein Stück weit verändert und dem Kunden eine ganz andere Bedeutung gegeben. Und ich freue mich auch, dass mein Bekanntheitsgrad durch dieses Buch deutlich gestiegen ist. Allerdings ist das auch schon mehr als 25 Jahre her. Wir mussten uns seitdem mindestens vier Mal neu erfinden, um dem Wettbewerb weiterhin ein Stück voraus zu sein. Und die nächste Veränderung unseres Geschäftsmodells zeichnet sich bereits heute ab.

Sicher ist, dass niemand sicher ist. Wie lange gibt es nach Ihrer Einschätzung die Big Five noch? Wie lange gibt es Sie noch? In der Geschichte der Welt hatte bis heute noch kein einziges Unternehmen seine Führungsposition für alle Ewigkeiten inne. Erfolg rechtfertigt keinen Anspruch auf lebenslänglich: »Bis dass der Tod uns scheidet« gilt auch im Businessbereich. Wer schwächelt, weil er sich zurücklehnt oder nicht mehr in der Lage ist, weitere Innovationen zu generieren, wird verdrängt.

Und wenn Sie tatsächlich irgendwann ein neues, geniales Produkt entwickelt haben, das die Welt im Sturm erobert, werden Sie feststellen, dass niemand Sie auf Dauer Ihren Markt allein abgrasen lässt. Früher oder später werden Sie zum »Sharing« von Marktanteilen gezwungen.

Warum scheitern Unternehmen? Diese Frage ist noch schwieriger zu beantworten als die nach dem Erfolgsgeheimnis der Senkrechtstarter, denn die Bandbreite der Ursachen ist deutlich größer. Das beweist allein schon die Zahl deren, die es nicht ins Ziel schaffen: Rund 85 Prozent aller Gründer scheitern innerhalb der ersten beiden Jahre. Wer diese Zahl kennt und dennoch gründet, hat zumindest verwertbares Rüstzeug, denn Mut und Selbstbewusstsein sind unerlässliche Voraussetzungen, um überhaupt den Startknopf drücken zu können.

Die von Gründerseite am häufigsten genannte Ursache für das Scheitern lautet: »Das Konto war eines Tages leer, und wir konnten notwendige Investitionen nicht mehr tätigen. Unsere Bank hat nicht mehr an unsere Idee geglaubt.« Die Wahrheit ist allerdings in den meisten Fällen eine andere, denn die Zeitspanne zwischen Gründung und Insolvenz definierte sich bei diesen Start-ups lediglich über die Höhe des Startkapitals. Die wahren Ursachen finden sich in aller Regel weit vor dem letzten Tag: falsche Partner, falsche Mitarbeiter, falsches Timing. Wer den Fehler macht, sich von morgens bis abends nur auf sein geniales Produkt zu konzentrieren, hat schlicht keine Zeit für das Organisieren neuer Finanzierungsrunden.

Ich halte das Denken in Produkten sowieso für eines der gefährlichsten Risiken. Weil es den Kunden außen vor lässt. Drei von vier Unternehmen haben sich heute diesem riskanten Geschäftsmodell unterworfen.

Es ist schwer vorstellbar, aber man kann durchaus auch mit einer grandiosen Idee scheitern. Blicken wir mal durch die andere Seite des Fernrohrs: Unternehmen scheitern, weil sie nicht das tun, was erfolgreiche Firmen tun. Vor vielen Jahren habe ich die Kernpunkte erfolgreichen Unternehmertums in meiner Clienting-Strategie definiert, die heute aktueller ist denn je. Der erste Punkt dieser Strategie lautet: Identifiziere deine Interessengruppe, denn nur wer seine Interessengruppe kennt, kann mit ihr auch optimal kommunizieren.

Wenn ich in den letzten 30 Jahren eins gelernt habe, dann das: Märkte mögen kompliziert wirken, aber sie sind nichts anderes als Kommunikationsplattformen, auf denen Kundennutzen über Dialoge generiert wird. Es gilt, die Kittelbrennfaktoren des Kunden zu identifizieren: Was sind seine größten Probleme? Welche seiner unfassbaren Träume darf ich erfüllen? Wie und womit kann ich seinen stärksten Schmerz lindern? Aus welchen Motiven handelt er und welche meiner Dienstleistungen könnten ihn dabei unterstützen?

Wer hingegen geniale Lösungen für ein gar nicht existierendes Problem anbietet oder Lösungen, die nur Teile eines Problems lösen, produziert in aller Regel am Markt vorbei. Die größte Pleite seiner Unternehmensgeschichte erlebte der amerikanische Arzneimittelhersteller Pfizer im Oktober 2007, als er das nur 20 Monate zuvor zugelassene Humaninsulin Exubera wieder vom Markt nahm. Die Innovation war Musik in den Ohren der Diabetespatienten: Das Präparat wurde nicht gespritzt, sondern inhaliert. Doch weil die zehnfache Menge Insulin verabreicht werden musste, die Langzeitschäden für die Lunge nicht erforscht waren und das Inhaliergerät wegen seines hohen Preises von den Kostenträgern selten akzeptiert und finanziert wurde, floppte das Präparat. Forschungs- und Herstellungskosten in Höhe von rund 2,8 Milliarden Dollar konnten lediglich rund 12 Millionen Dollar Einnahmen generieren.

Erfolg braucht Mitarbeiter

Wer Mitarbeiter in kreative Mitarbeiter verwandeln möchte, muss ihnen Verantwortung übertragen, denn nur dann sind sie bereit, sich aktiv auf Problemlösung einzulassen. Die Einstellung muss stimmen, um sich selbst zum Denken motivieren zu können. Dadurch wird auch die Bereitschaft erzeugt, sich mit den Gedanken der anderen zu vernetzen. Menschen lieben es, gebraucht zu werden. Sie sind soziale Wesen, denen Wertschätzung, Anerkennung und Respekt wichtiger ist als eine Weihnachtsgratifikation. Jeder ist gern Teil eines Siegerteams, auch wenn der eigene Beitrag nicht unbedingt den Ausschlag gibt.

Ihr bester Mitarbeiter ist zweifelsohne der, der Sie und Ihr Unternehmen am meisten inspiriert. Er lenkt Sie und Ihre Gedanken in eine Richtung, die Sie von allein niemals eingeschlagen hätten. Nur so können die wirklich großen Innovationen entstehen, und nur ständige Weiterentwicklung kann das Fortbestehen eines Unternehmens sichern.

Das Innovationspotenzial Ihrer Mitarbeiter sollten Sie nicht unterschätzen. Wer diesen schlafenden Riesen wecken möchte, muss ihm ideale Lebensbedingungen bieten. Das gelingt besonders gut, wenn Sie Ihre bisherige Führungsstrategie überdenken. Führungskräfte müssen nicht mehr vertikal steuern und delegieren, sondern Abläufe organisieren und Freiräume schaffen, damit Mitarbeitern mehr Atemluft zur Verfügung steht, die für kreative Prozesse unabdingbar ist. Führungskräfte müssen eine Atmosphäre frei von Druck, Hektik und Stressauslösern schaffen und dafür sorgen, dass Mitarbeiter unbedingt ein Teil dieser positiven Umgebung sein möchten.

Nur wenn gewährleistet ist, dass eine Atmosphäre entsteht, die ein Maximum an Kommunikation und Interaktion fördert, kann Innovation ungehindert stattfinden. Mit der richtigen Mischung aus Zwang und Freiheit kann jeder einen verwertbaren Beitrag leisten: Man muss kein Kreativer sein, um kreativ denken zu können. Kreative Gedanken dürfen deshalb nicht nur den Köpfen der Kreativabteilung erlaubt sein. Jeder hat schließlich das Zeug zur Quelle. Verschwenden Sie nicht allzu viel Zeit damit, Konflikte zu vermeiden oder entstehende im Keim zu ersticken, denn jeder Konflikt ist immer auch ein Nährboden für neue Ideen. Die neuen Ideen müssen dann eine Zeit lang miteinander konkurrieren, bis die beste herausgefiltert ist.

»Führen« hat also immer weniger mit »Folgen« zu tun und immer mehr mit »Begleiten« und »Coachen«. Moderne Mitarbeiter glauben nicht mehr an Führung, sondern an das »Wir«. Wer folgt, passt sich an, setzt auf Einklang und Konformität und neigt in der Folge irgendwann selbst dazu, Querdenker abzulehnen. Und irgendwann ist man selbst nicht mehr zum Denken bereit. Wenn sich Rahmenbedingungen plötzlich ändern, gilt es, *gemeinsam* Lösungen zu generieren, was Mitarbeiter und Führungskräfte auf eine Ebene hievt: Sie werden zu Partnern, weil Rangfolgen dann nur noch auf dem Papier existieren. Auch von dort sollten sie allerdings langsam verschwinden.

Erfolg braucht die richtigen Mitarbeiter

Die wertvollsten Mitarbeiter waren früher diejenigen, die den größten Rucksack an (Fach-)Wissen mitbrachten. Auch heute ist Expertenwissen die Basis jeder technologischen Entwicklung. Der Unterschied zu gestern: Heute ist Wissen überall und zu jeder Zeit abrufbar. Heute können Mitarbeiter unter völlig anderen Gesichtspunkten eingestellt werden: Wie passen sie ins Team? Welches Entwicklungspotenzial erkenne ich? Wie hoch ist die Wahrscheinlichkeit, dass ich den neuen Mitarbeiter langfristig ans Unternehmen binden kann? Möchte er nur fleißig mitarbeiten oder auch aktiv gestalten, Veränderung anstoßen und mittragen? Was sind seine Antriebskräfte? Welche emotionale Intelligenz lässt er einfließen?

Das alles müssen Sie bereits im Einstellungsprozess analysieren. Diese Anforderung ist mittlerweile ein interessantes Standbein unserer Beratungstätigkeit geworden. Silicon-Valley-Investoren skandieren immer wieder »Team, Team, Team« als wichtigste Priorität. Erst dann kommt alles andere, denn wir investieren nicht in Ressourcen, sondern in Menschen.

Vor etwa drei Jahren betreute ich ein Unternehmen, das über ein hochinteressantes Patent verfügte, mit dem man Rückenschmerzen vorbeugen konnte, was Millionen Menschen im Büro das Leben erleichtert hätte. Die Strategieberatung war äußerst erfolgreich. Im Verlaufe der Strategieentwicklung wurde eine neue Marketingleiterin eingestellt, die die Umsetzung mit der Begründung stoppte, sich erst einmal in die Thematik einarbeiten zu müssen. Im Übrigen hätte sie in mehreren Unternehmen solche Strategien bereits erfolgreich umgesetzt. Ich hatte meine Zweifel, doch der Inhaber wollte ihr die Bitte nicht abschlagen.

Drei Jahre später saß ich mit dem Inhaber erneut an einem Tisch – und er beschrieb ein wahres Desaster: Die Marketingleiterin hatte keinen einzigen Strategiepunkt umgesetzt, die einfachsten Dinge wie einen eigenen Shop nicht realisiert und mit ihrer persönlichen Strategie dafür gesorgt, dass gute Mitarbeiter frustriert das Unternehmen verließen. Die Bilanz war erschreckend: 1.000 Tage verloren, verbrannte Erde, demotivierte Teams. Die disruptive Lösung war auf einem silbernen Tablett präsentiert worden, doch die Umsetzung fand nie statt. Gehen Sie dieses Risiko nicht ein. Der Erfolg Ihrer Zukunftsstrategie braucht die richtigen Menschen und das richtige Team.

Die richtigen Mitarbeiter: Das waren bisher immer diejenigen, die dem Personalchef am sympathischsten waren. Doch die Wahrheit ist eine andere: Die besten Mitarbeiter sind heute immer die, die besser sind als man selbst. Und natürlich die mit der höchsten Flexibilität, denn wer auch mal den Blick über den Tellerrand in andere Abteilungen wagt und die gewonnenen Erkenntnisse in seine Arbeit einfließen lässt, statt sich mit Scheuklappen in seine Routinearbeiten zu verbeißen, handelt in höchstem Maße unternehmerisch.

Wenn in der Folge nicht mehr nur der Chef, sondern immer mehr Hierarchieebenen über Entscheidungsfreiheiten und -kompetenzen verfügen, können Projekte mit deutlich höherer Geschwindigkeit zum Abschluss gebracht werden. Nichts bremst mehr als das Warten auf Entscheidungen, denn wenn Tage oder erst Wochen später eine Freigabe erfolgt, ist man längst raus aus den fruchtbaren Denkprozessen. Bis man alle Fäden wiederaufgenommen hat, geht weitere kostbare Zeit verloren. Zeit ist Geld. Und Geld ist Geld.

Mitarbeiter müssen immer häufiger eine weichenstellende Entscheidung treffen: Wollen wir Sicherheit oder Freiheit? Möchten wir weiterhin Karrieren, die sich über 50 Jahre erstrecken, oder sind Karrierebrüche sinnvoller? Der Trend ist eindeutig: Gerade die jungen Generationen können sich eher nicht mehr vorstellen, einen attraktiven Arbeitsplatz – mag er weiterhin auch noch so viele Anreize bieten – mit immerwährender Treue zu belohnen.

Wer in hohem Maße kreativ ist, möchte dieses Potenzial auch einmal in einem anderen Unternehmen oder sogar in einer völlig anderen Branche entfalten. Gern auch im Ausland, denn dort lockt in der Regel das größere Abenteuer als in der Provinz. Das bedeutet: Die wirklich Kreativen müssen sich die Frage nach Sicherheit oder Freiheit gar nicht stellen. Ihr Selbstbewusstsein sagt ihnen, dass ihre Fähigkeiten auch weiterhin Erfolge und damit Sicherheit generieren können. Auch deshalb müssen sich heute Unternehmen bei Mitarbeitern bewerben. An dieser Umkehr des klassischen Bewerbungsprozesses ist nicht allein die Demografie schuld.

Und die Unternehmen? Wie reagieren sie auf diese Veränderung? Und welche Mittel stehen ihnen bei der Personalauswahl überhaupt zur Verfügung, um im Meer von Fremden denjenigen zu identifizieren, der für das eigene Unternehmen optimal geeignet ist? Diesbezüglich bieten sich immer mehr Lösungen auf dem Markt an, die meisten logischerweise digitaler Natur.

Das Berliner Start-up viasto beispielsweise bietet ein durchdachtes Video-Recruiting-Tool, das Personalabteilungen viel Arbeit bei der

Vorauswahl der Bewerber abnimmt. Die Kandidaten haben endlich die Möglichkeit, sich in Videos – zeitversetzt oder live – authentisch zu präsentieren, denn der Faktor Nervosität, der viele im persönlichen Interview ungerechterweise durchs grobe Raster fallen lässt, entfällt. Mit diesem Tool schafft man es zumindest erst einmal mit einem Sympathiebonus auf den Bewerberstuhl im Personalbüro.

Erfolgreiches Recruiting basiert heute auf der Erkenntnis, dass nicht der Lebenslauf und überragende Zeugnisse den besten Kandidaten herausfiltern, sondern Soft Skills und Persönlichkeit. Menschen sind Rudeltiere, deshalb muss sich ein neuer Mitarbeiter nahtlos in ein bestehendes Team einfügen können. Nur dann kann er dort auch Mehrwerte erzeugen. Vielleicht sollte man sich nicht so oft fragen, warum man jemanden einstellen möchte, sondern viel öfter, warum man sich von den bisherigen Stelleninhabern getrennt hat.

Natürlich braucht jedes innovative Unternehmen Experten, die auf ihrem Gebiet Koryphäen sind und jedes noch so komplizierte Detail im Blick haben. Genauso braucht es aber auch diejenigen, die nicht in die Tiefe gehen, sondern an der Oberfläche Wellen schlagen. Es braucht diejenigen, die sich auch für benachbarte Gebiete interessieren und den Tunnelblick ausschalten können. Dabei reicht es nicht aus, allein auf die Sozialkompetenzen eines guten Mitarbeiters zu setzen, denn solche Mitarbeiter erwarten auch entsprechendes Feedback. Bleibt es aus, ist es bis zum Vertrauensverlust nicht mehr weit.

Ein vielversprechender Ansatz, um gute neue Mitarbeiter zu finden, sind die Empfehlungen der eigenen Topleute. Mitarbeiter sind nun einmal die besten Headhunter: Zum einen wissen sie genau, welche Kompetenzen und Soft Skills dem Unternehmen wichtig sind, wer also optimal ins Team passt, und zum anderen würde niemand sein internes Ansehen aufs Spiel setzen, indem er einen zweitklassigen Bewerber empfiehlt. Immerhin rund 10 Prozent aller Stellen werden heute über diesen Kanal besetzt.

Der wird meines Erachtens künftig an Bedeutung gewinnen, denn der Fortschritt in der Vernetzung über soziale Medien wird immer mehr Juwelen ans Tageslicht befördern. Und wenn die Unternehmen dann noch attraktivere Prämiensysteme für erfolgreiche Vermittler entwickeln, könnte sich diese Recruiting-Schiene zum Geheimtipp entwickeln.

Das Münchener Start-up Talentry hat das Potenzial erkannt und bietet eine intelligente Software, die sich nahtlos in bestehende HR-Systeme integrieren lässt. Mitarbeiter erhalten automatisch Vorschläge, welcher ihrer Kontakte in Netzwerken wie XING, LinkedIn und Facebook sich überdurchschnittlich gut für eine ausgeschriebene Stelle eignen könnte. Bonus am Rande: Wenn Mitarbeiter über jede Stellenausschreibung ihres Unternehmens informiert werden, ist das in ihren Augen ein beruhigendes Signal für Wachstum und Entwicklung.

Bei aller Entwicklung hat eine Zahl leider nach wie vor Gültigkeit: Rund 30 Prozent aller Stellen werden auch heute noch fehlbesetzt. Das ist eine Schraube, an der man noch viel drehen kann, insbesondere wenn man bedenkt, dass jede Fehlbesetzung Kosten in Höhe von 30.000 bis 100.000 Euro verursacht. Ein falsch besetzter CEO-Posten kann sogar ein Loch in zweistelliger Millionenhöhe in die Unternehmenskassen reißen. Trotzdem ist es immer noch ein ungeschriebenes Gesetz: Mitarbeiter werden wegen ihres Lebenslaufs und ihrer Zeugnisse eingestellt – und wegen ihrer tatsächlichen Werte gefeuert. Weil irgendwann die Maske fällt und sich herausstellt, dass das, was auf dem Papier versprochen wurde, nicht annähernd umgesetzt werden konnte.

Alles eine Frage der technologischen Entwicklung: Wenn junge Menschen heute schon bei Facebook lernen, dass sie sich 20 Prozent besser darstellen müssen, als sie tatsächlich sind (weil es ja alle tun), dann wundert es niemanden, wenn die Kosmetik im Bewerbungsprozess, wo es um die persönliche Zukunft geht, noch weitaus intensiver betrieben wird. Irgendwann müssen die HR-Abteilungen allerdings auch erkennen, dass sie diese Spirale noch beschleunigen, wenn sie in der Stellenbeschreibung Bedingungen stellen, die kein Bewerber in ihrer Gesamtheit erfüllen kann.

Fazit: Den wertvollsten Teil eines Unternehmensnetzwerks stellen die Mitarbeiter. Die können ihr Potenzial nur entfalten, wenn die notwendigen Freiräume gewährt werden. Wenn ein Satz wie »Das haben wir hier so noch nie gemacht« nicht Ohrfeige, sondern Lob ist, hat sich die einzig richtige Unternehmenskultur etabliert. Netzwerke lassen sich nicht befehlen, denn dann sind sie nicht innovativ. Nur wenn Mitarbeiter sich selbst finden, haben sie auch den Antrieb, diese Vernetzung aktiv zu gestalten und effektiv zu nutzen.

Das Finden der richtigen Mitarbeiter darf nicht dem Zufall oder der persönlichen Einschätzung überlassen bleiben, sondern muss systematisch und analytisch angegangen werden. Gehen Sie den entscheidenden Schritt weiter und entwickeln Sie sich zu einem Wunscharbeitgeber, denn nur die kommen in den Genuss, Wunschmitarbeiter einstellen zu dürfen. In Zeiten fehlender Fachkräfte gilt es, Anziehungskraft für Talente zu entwickeln. Sog statt Druck. Die Careers Lounge mit Sitz in München hat als Plattform das Ziel, Wunscharbeitgeber mit den richtigen Talenten zusammenzubringen. Auch hier steht der Netzwerkgedanke deutlich im Vordergrund.

Erfolg braucht jemanden, der weitermacht

Jedes Jahr suchen rund 30.000 Familienunternehmen in Deutschland einen Nachfolger – aus den unterschiedlichsten Gründen: Die meisten möchten einfach nur den wohlverdienten Ruhestand genießen, die anderen werden von Krankheit oder Tod dazu gezwungen. Und dann gibt es noch diejenigen, die ihre weitere Lebensplanung mit ihrem Vermögen und dem Erlös aus dem Unternehmensverkauf finanzieren möchten. Leider finden sich die Nachfolger immer seltener innerhalb der Unternehmerfamilien, denn immer mehr Nachwuchs strebt danach, die eigenen Visionen umzusetzen.

Unternehmensnachfolge ist ein komplexes Thema. Hier werden nicht nur Staffelstäbe und Führungspositionen übergeben, sondern auch mit Unternehmen und Unternehmern verwobene Werte. Das alles zu ordnen und rechtlich abzusichern kann Jahre in Anspruch nehmen, weshalb ein solcher Schritt möglichst frühzeitig geplant werden sollte.

Wenn ein Unternehmen verkauft werden soll, gibt es weitere Stolpersteine: Wird mein Unternehmen in meinem Sinne weitergeführt oder zerschlagen? Was geschieht mit meinen Mitarbeitern? Muss ich noch zwei Jahre als Geschäftsführer dranhängen, damit der Übergang fließend stattfinden kann? Und was passiert, wenn sich das Unternehmen in dieser Übergangsphase nicht so entwickelt, wie ich es dem Käufer zugesichert habe? Fragen über Fragen.

Antworten liefert ein starkes Netzwerk: K.E.R.N – Die Nachfolgespezialisten beschäftigt sich ausschließlich mit dieser Thematik und begleitet Unternehmen von der ersten Stunde an durch den gesamten Prozess. Die deutschlandweit vertretenen Experten – Wirtschaftsingenieure, Juristen, Banker, IT-Experten, Controller, Mediatoren, Wirtschaftswissenschaftler – sind natürlich auch Ansprechpartner für Unternehmen, die leistungsstarke Familienunternehmen übernehmen möchten, um das eigene Netzwerk zu stärken.

Blockchain: Netzwerk der Zukunft

Der Bitcoin ist salonfähig geworden. Den Duft der Anrüchigkeit, den das Zahlungsmittel des Darknets umgeben hat, konnte die anonyme Währung mittlerweile ablegen. Doch was ist sie wirklich wert?

Kostete ein Bitcoin 2011 noch unter 10 Dollar, knackte der Preis im Dezember 2017 fast die 20.000-Dollar-Grenze, um nur zwei Monate später wieder fast 60 Prozent an Wert zu verlieren. Geschichten über Bitcoin-Millionäre machten aus dem Spielgeld der technikbegeisterten Szene ein hochriskantes Spekulationsobjekt.

Der größte Vorteil gegenüber herkömmlichen Zahlungsmitteln: Transaktionen benötigen keinen Mittler, also keine Bank. Der zweitgrößte Vorteil ist allerdings auch ein Nachteil: die Anonymität. Sie hat Nebenwirkungen, denn versehentliche Zahlungen können nicht zurückgebucht werden. Man ist auf die Ehrlichkeit des Empfängers angewiesen, der den Betrag zurücküberweisen muss.

Doch auch andere Schwächen kennzeichnen das System: Weil das Kassenbuch ständig weitergeführt wird und jeder Knoten des unzählige Computer umfassenden Netzwerks dieses Kassenbuch vorhält (derzeit ca. 150 GB Datenvolumen), sind Transaktionen in Echtzeit nicht möglich. Aus ebendiesen Gründen frisst die Generierung neuer Bitcoins eine ganze Menge Strom. Die durch die Medien geisternden Zahlen schwanken deutlich, je nachdem, ob sie von einem Kritiker oder Befürworter stammen: Die einen behaupten, dass die Bitcoin-Produktion, das sogenannte Mining, allein in Island im Jahr 2017 20 Prozent mehr Strom verbraucht hat als alle isländischen Haushalte zusammen. Anders ausgedrückt: Der Stromverbrauch einer einzelnen Transaktion entspricht dem Tagesbedarf von 17 Haushalten. Bei über 200.000 Transaktionen pro Tag – und es sollen künftig ja deutlich mehr werden – glühen die Leitungen in den Rechenzentren und die Brennstäbe in den Atomkraftwerken.

Die anderen behaupten, das System verbrauche zwar auf der einen Seite viel Strom, helfe aber gleichzeitig auch, Energie zu sparen. Bei Banken zum Beispiel. Wem immer wir auch Glauben schenken: Der Energiehunger der Miner ist enorm und wird künftig noch zunehmen. Auf der anderen Seite garantiert gerade dieses Blockchain-System den höchstmöglichen Grad an Sicherheit. Und Sicherheit war ab einem gewissen Niveau schon immer teuer.

Kritiker sehen im Bitcoin keine Währung, sondern eine Handelsware. Weil mit ihm mehr spekuliert als bezahlt werden kann, erfüllt er sogar die Merkmale eines Schneeballsystems: Wenn der Kurs auf null fällt, gewinnen nur die Teilnehmer, die gerade noch rechtzeitig Bitcoins in echtes Geld getauscht haben. Experten raten zurzeit dringend ab, den Versprechen der digitalen Währung zu erliegen. Aber die Gier wird auch dieses Mal ihre Opfer generieren.

Auch wenn Big Player wie Microsoft, Dell und diverse Airlines den Bitcoin bereits als Zahlungsmittel akzeptieren (in Deutschland dürfen Sie die Akzeptanzstellen gern mit der Lupe suchen), sollte sich keiner blenden lassen: Platzt die Blase, sind die Verluste für die Unternehmen eher gering. Private Nutzer hingegen können deutlich mehr als ein kleines Vermögen verlieren. Auch bei diesem Hype gilt: Alle Erfolgsstorys schaffen es in die Schlagzeilen. Doch das ist wie immer nur eine Handvoll. Die unzähligen Verlierer hingegen verschwinden weiterhin in der Anonymität der Berichterstattung.

Auch wenn es in der Praxis noch Schwierigkeiten gibt: Die Idee Bitcoin/Blockchain ist genial. Sie ist aus dem Antrieb entstanden, Alternativen zu Währungen und ihren Mittlern, den Finanzinstituten, zu finden, denn Banken haben aus eigenem Verschulden heraus kontinuierlich und massiv Vertrauen bei ihren Kunden eingebüßt. »Banking is necessary. Banks are not«, soll Bill Gates einst verkündet haben.

Dieses Statement hat sich Satoshi Nakamoto auf die Fahne geschrieben und das Bitcoin-System erdacht. Wer sich hinter diesem Pseudonym verbirgt, ist bis heute ebenfalls ein Fall für Spekulanten. Hoffen wir, dass Herr Nakamoto ein Update liefern kann, das die Schwächen des Systems eliminiert und die Idee groß werden lässt.

Natürlich gibt es mittlerweile viele andere Kryptowährungen (derzeit ca. 100), von denen einige das Zeug zum Sieger haben, weil sie die Schwächen der alten Systeme umschiffen. Ethereum, Ripple und IOTA seien hier erwähnt, wobei die beiden letztgenannten auch ohne stromfressendes Mining auskommen. Aber ich möchte an dieser Stelle nicht noch tiefer ins Thema einsteigen. Das ist viel Diskussionsstoff für ein weiteres Buch.

Mein Fazit: Das Gespann Bitcoin/Blockchain scheint als Netzwerk vorerst gescheitert. Doch im Gegensatz zu den meisten gescheiterten Unternehmen bleibt ihm immer noch die Möglichkeit der Wiederauferstehung. Das Blockchain-Prinzip hingegen hat höchstes Zukunftspotenzial, denn die Verteilung von Daten auf unzähligen Netzwerkknoten zu Verifizierungszwecken kann eine effektive Waffe im Kampf gegen Cyberkriminalität werden und zudem Verträge ohne notarielle Beglaubigung rechtssicher und -gültig machen.

Wenn riesige Datenbanken im Netz tatsächlich sicher aufgesplittet und verteilt werden können, sind die Anwendungsmöglichkeiten gerade im Hinblick auf Industrie 4.0 unbegrenzt. Selbst das Cloudprinzip könnte dadurch aufs Altenteil verbannt werden. Und wenn man an all die Transaktionen denkt, bei denen als Vertrauensperson ein Händler zwischengeschaltet ist (zum Beispiel beim Gebrauchtwagen- oder beim Immobilienkauf), erkennt man voller Freude, dass Produkte plötzlich deutlich günstiger werden, wenn keine Mittlerprovision fällig wird.

Sind alle erforderlichen Daten von überallher sofort abzurufen und diese Daten verifiziert, dauert ein Due-Diligence-Prozess nur noch einen Klick. Damit wäre der Weg für Banken und Versicherungen (oder auch für ihre digitalen Nachfolger) frei, die Risikobewertung eines Kunden, eines Unternehmens oder eines Objekts zu automatisieren. Peer-to-Peer-Netzwerke, die all das ermöglichen, müssen nur noch einmalig getaktet werden.

Weil die Blockchain-Technologie höchsten Sicherheitsanforderungen gerecht wird, kooperiert Porsche zurzeit mit dem Berliner Start-up Xain. Funkschlüssel werden durch eine App ersetzt, weil deren Signale nicht von Hackern abgefangen werden können. Zugangsberechtigungen zum Fahrzeug können vielfach definiert werden, um beispielsweise Paketzustellern zeitlich befristeten Zugang zum Kofferraum zu gewähren. Fahrtenbücher können künftig entfallen, weil alle Routen und Strecken automatisch registriert und mit dem entsprechenden Account verknüpft werden. Und digitales Bezahlen im Parkhaus, an der Tankstelle oder an der Mautstation macht das Autofahrerleben noch einfacher.

Banken unter Dauerfeuer

Bitcoin und Co. blasen zum Angriff auf die Banken. Allerdings ist der Zahlungsverkehr nur ein relativ kleines Standbein der Finanzinstitute. Da weht der Wind schon deutlich stärker aus Richtung der Fintechs, auch wenn einige von ihnen bereits für gutes Geld in Bankenbesitz übergegangen sind. Gut 700 dieser digitalen Alternativen tummeln sich mittlerweile auf dem deutschen Markt, und weil der Finanzmarkt lukrativ wie kein anderer ist, wächst die Zahl weiterhin. Der Kuchen, der geteilt werden will, ist riesig, und die EU hat Anfang 2018 das Büfett eröffnet, als sie die Banken zwang, den Fintechs eine Anbindung an ihre Datensysteme zu ermöglichen.

Zurzeit umfasst das klassische Bankensystem fast 2.000 verschiedene Kreditinstitute, die alle die gleichen Sorgen teilen: Die aus der Niedrigzinspolitik der letzten Jahre geschmälerten Gewinne trüben die Bilanzen; zudem müssen sie mit ihren unrentablen Filialen teure Altlasten stemmen. Der persönliche Kontakt zum Bankberater ist zwar nach wie vor ein Argument für das alte System, das aber vom Vertrauensverlust der Konzerne aufgefressen wird. Berater sind nur noch »nice to have«, denn in der digitalen Welt hat man schon tausendfach bewiesen, dass viele Services auch ohne Gesicht und Stimme durchaus kundenfreundlich gestaltet werden können.

Banken-Apps machen alle Bankingprozesse einfacher. Hier steht die User Experience im Vordergrund. Wer sich einen Account anlegt, erhält nicht nur ein kostenloses Girokonto, sondern kommt auch in den Genuss günstigerer Kredite, erhält NFC-fähige Karten und den Vorteil, dass alle Geschäfte und Prozeduren mit deutlich geringerem Zeitaufwand abgewickelt werden können.

Viele Fintechs stellen auch das bisher bevorzugte und in analogen Zeiten bewährte Prinzip »Alles aus einer Hand« infrage. Sie spezialisieren sich auf ein einzelnes Segment und bieten dafür hocheffiziente Lösungen an: nur Zahlungsverkehr. Nur Wertpapierdepot. Nur Kreditvermittlung. Nur Immobilienfinanzierung. Zwei, drei Apps mehr oder weniger auf dem Smartphone tun nicht weh. Der Vorteil: Man finanziert über seine Gebühren nicht – wie bei einer Großbank – alle Sparten, sondern lediglich diejenigen, die man auch tatsächlich in Anspruch nimmt.

Banken haben die Digitalisierung zwar nicht verpasst, aber bei ihren Bemühungen eine völlig falsche digitale Strategie gewählt: Bei ihnen stehen nach wie vor Kostenreduzierung und Gewinnmaximierung im Vordergrund. Tradition ist heute kein Geschäftsvorteil mehr und sollte auch keine Entscheidungen mehr beeinflussen. Die Interessen der Kunden stehen noch immer nicht auf der To-do-Liste der Banken; dennoch entstandene Kundenvorteile waren eher zufällige Abfallprodukte der Neuordnung.

Das Filialnetz ist nicht nur teures Anhängsel, sondern auch noch äußerst kundenunfreundlich: Ein Kunde, der in Vollzeit arbeitet, muss für einen Besuch einen Urlaubstag opfern, denn die Öffnungszeiten sind auch weiterhin alles andere als arbeitnehmerfreundlich. Mit beschränkten Servicezeiten von 9 bis 16 Uhr und einer zweistündigen

Mittagspause hat ein Kundenkontakt schon etwas von einer Audienz. Und wenn man mit erschreckender Regelmäßigkeit liest, dass Senioren jenseits der Achtziger zu hochriskanten und extrem langfristigen Fondsprodukten überredet oder gar gedrängt werden, muss man sich fragen, ob es Absicht ist oder schlicht und einfach Unkenntnis des hauseigenen Produktportfolios. Welche Schuld wiegt schwerer?

Kunden kommen in die Bank, wenn sie ein Problem haben. Mitarbeiter am Schalter sind allerdings für Problemlösungen nicht ausgebildet, sondern nur für Standardprozeduren. Wenn es beispielsweise um die Einrichtung von Secure-Banking-Apps geht, ergeben sich die Berater vor Ort. Meistens gibt es für alles einen Spezialisten, der aber leider gerade im Gespräch ist.

Wäre es nicht kundenfreundlicher, Prozesse so eindeutig zu gestalten, dass sie erst gar keine Fragen aufwerfen? Usability heißt das Schlagwort in der digitalen Welt. Wenn ein Kunde nach zwei Stunden Onlinerecherche die Schalterhalle betritt und mehr Fachwissen mitbringt als der Berater, muss der dann seine Existenzberechtigung infrage stellen?

Über zehn Jahre nach den Lehman Brothers wissen wir: Eine Neuerfindung des Themas Kundenfreundlichkeit, die gerade nach der Finanzkrise zum Neuaufbau und zur Rückgewinnung von Vertrauen so wichtig gewesen wäre, ist ausgeblieben. Innovation und Service scheinen nicht die Steckenpferde der Banker zu sein, und tatsächlich zählen sie auch nicht zu ihren Kernkompetenzen. Das Verwalten des Alten wird aber langfristig gesehen keine großen Gewinne generieren. Gewinne, wie man sie in den letzten Jahrzehnten gewohnt war, sind mit den bestehenden Systemen nicht mehr zu erzielen. Also holt man sich Start-ups ins Boot, die zur Ausübung ihrer Geschäftstätigkeit auf die Banklizenz eines starken Partners angewiesen sind. Doch immer mehr Start-ups sammeln genug Kapital, um eine eigene Lizenz zu erwerben. Wenn die Banken künftige Gewinne mit den Start-ups teilen dürfen, könnten sie noch einmal mit einem blauen Auge davonkommen.

Aber die Aussichten auf das blaue Auge sind eher trübe, denn der nächste Angriff kommt voraussichtlich von oben: Die Big Five basteln wohl längst hinter verschlossenen Türen an Lösungen, die Banken oder Versicherungen einem Stresstest aussetzen oder sogar ganz in die Knie zwingen. Schließlich sind auch die großen Unternehmen aus dem Silicon Valley gezwungen, ständig weiterzuwachsen.

Wenn es beispielsweise um Kredite oder Wagniskapital geht, glänzen digitale Anbieter schon heute mit Geschwindigkeit. Wer Geld braucht, möchte nicht wochenlang auf eine Entscheidung über die Vergabe warten, um nach einer Absage wieder von vorn anfangen zu müssen. Mit den großen Venture-Capital-Gesellschaften an der Sandhill Road in Menlo Park, ihrem Know-how und ihren wertvollen Erfahrungen lassen sich Netzwerke aufbauen, die jahrhundertealte Unternehmen der Finanz- und natürlich auch der Versicherungsbranche das Fürchten lehren werden.

Amazon bastelt bereits an einer Strategie, den Versicherungsmarkt mit eigenen Produkten zu betreten. Ende 2017 hatte der Onlineriese ein Unternehmen in London gegründet, das über LinkedIn und andere Kanäle über 140 Versicherungsexperten mit diversen Sprachkenntnissen aus ihren bisherigen Unternehmen in die eigenen Räumlichkeiten lockt.

Anfangs wird sich Amazon auf Produktversicherungen konzentrieren und auch dafür sein riesiges Datenreservoir nutzen. Im nächsten Schritt sollen dann – so wird in Fachkreisen spekuliert – die Bereiche Kfz- und Gebäudeversicherungen neu gedacht werden. Sollte das Kaufverhalten eines Kunden Hinweise auf seine Finanzkraft, seine Lebensgewohnheiten/-umstände und Werte geben: Die hauseigenen Algorithmen werden sie garantiert finden. Wenn dann im richtigen Augenblick der digitale Versicherungsmakler mit einem unschlagbaren Angebot im Browserfenster aufpoppt, ist das Timing perfekt.

Dieses Timing erspart dem Unternehmen einen Maklerbestand von 10.000 Mitarbeitern. Das weltweite Heer der Versicherten wird dann von einem kleinen, aber exzellenten Mitarbeiterstamm betreut.

Der größte Vorteil Amazons gegenüber den Dinosauriern der Branche, aber auch gegenüber den Fintech- und InsurTech-Start-ups ist schnell identifiziert: keinerlei Kosten im Bereich Kundenakquise. Also genau dort, wo die anderen traditionell hohe Investitionen leisten müssen. Wenn Amazon diesen Vorteil an die Kunden weiterleitet – und als »kundenfreundlichstes Unternehmen der Welt« wird es genau das tun –, gibt es für deutlich teurere Alternativen keine Argumente mehr. Disruptionspotenzial: extrem hoch.

Sollte den Versicherungen nicht kurzfristig die Verwandlung in Technologieunternehmen gelingen, wird der Markt extrem turbulente Zeiten erleben. Warten wir ab, welcher der Big Five die Banken zuerst ins Visier nimmt. Bis jetzt scheint Amazon die Nase vorn zu haben. Die Plattform bietet ihren Kunden ja schon heute Kreditkarten und Bezahldienste. Händler auf der Amazon-Plattform kommen sogar in den Genuss von Krediten: Über 3 Milliarden Dollar sind bereits auf die Konten der Verkäufer geflossen – deren Lager gepfändet wird, wenn sie mit der Rückzahlung in Verzug geraten.

Das jüngste Projekt lässt ebenfalls aufhorchen: Laut Gerüchteküche plant Jeff Bezos gemeinsam mit amerikanischen Großbanken ein girokontoähnliches Produkt, das auf die Bedürfnisse junger Leute zugeschnitten ist. Bei europäischen Banken schrillen bereits die Alarmglocken.

InsurTech nimmt ebenfalls langsam Fahrt auf. So hat der Digitalversicherer der wefox-Gruppe, die ONE Versicherung AG, Anfang 2018 die Bühne betreten, um mit neuen digitalen Geschäftsmodellen Kunden zu begeistern. In Kooperation mit einem Geo-Triggering-Unternehmen möchte sie Kunden tageweise versichern und das Risiko über das Bewegungsverhalten bewerten. Wenn Sie beispielsweise ins Skigebiet fahren, zeigt Ihr Bewegungsmuster an, ob Sie Ski oder Snowboard fahren oder die Zeit doch lieber zum Wandern oder Sonnenbaden nutzen. Nach der Abreise aus dem Skigebiet endet der Vertrag automatisch. Die Idee hat auch den Start-up-Investor und Hollywood-Schauspieler Ashton Kutcher begeistert, der sich sofort ein größeres Aktienpaket sicherte.

Ich selbst teste gerade die Telematik-App eines Direktversicherers, die jede Fahrt und auch mein Fahrverhalten aufzeichnet. Auf der Basis dieser Daten ermittelt sie meinen persönlichen Score. Einverstanden – ich habe auf der Skala noch Luft nach oben. Ich weiß, dass sich durch einen besseren Score mein Versicherungsbeitrag spürbar reduzieren lässt. Ich arbeite mit Hochdruck daran.

Das Problem, das sich für traditionelle Versicherer ergibt, ist schnell identifiziert: Kunden entwickeln recht spontan eine neue Erwartungshaltung, wenn sie erst einmal die Vorzüge solcher Serviceleistungen erkannt haben. Wenn dann der Haus-und-Hof-Versicherer keine konkurrenzfähigen Produkte im Portfolio hat, fällt der Wechsel leicht. Diese Kunden zurückzugewinnen kostet Unsummen.

Ein gutes Beispiel, wie man in der Versicherungsbranche die Spielregeln auf den Kopf stellen kann, liefert wer? Richtig: Amazon. Das Unternehmen hat gemeinsam mit der US-Bank JPMorgan und dem Hedgefonds Berkshire Hathaway Anfang 2018 eine Krankenkasse ins Leben gerufen, die zunächst nur die eigenen Mitarbeiter versichert. Wenn die Versuchsreihe abgeschlossen ist, wird das Produkt vermutlich weltweit angeboten.

Nicht nur Datenschützern bereitet das Sorgen, denn aus dem gläsernen Menschen wird schnell der gläserne Patient, auch wenn alles unter dem Deckmantel der Beitragsoptimierung gescannt wird. Wenn Ihr Smartphone weiß, wo Sie sich aufhalten, wann Sie aufstehen, wie viel Zeit Sie im Auto, in der Sauna oder im Bahnhofsmilieu verbringen, wird Ihr Risiko transparenter. Und wenn Sie für die Preisgabe weiterer Daten mit einer üppigen Beitragsreduzierung belohnt werden, sind Sie irgendwann der kleine Bruder des großen Bruders.

Amazons gesundheitspolitisches Engagement ist ein interessantes Instrument zur Bindung von Mitarbeitern. Dieser Meinung ist auch Apple: Das Unternehmen aus Cupertino baut derzeit über seine Tochtergesellschaft AC Wellness zwei Kliniken auf, um den eigenen Mitarbeitern die perfekte medizinische Versorgung bieten zu können. Der besondere Fokus liegt dabei auf Prävention und der Integration der hauseigenen E-Health-Produkte.

Der menschliche Geldautomat

Western Union gibt es seit 1851. Mittlerweile ist das weltweite Netz der Ein- und Auszahlungsstellen auf 455.000 angewachsen. Es wird vorwiegend von Arbeitsmigranten genutzt, die Bargeld in ihre Heimatländer überweisen wollen, denn das war lange die einzige Möglichkeit, ohne Bankkonto Geld zu versenden. Allein von Deutschland aus sollen im vergangenen Jahr über diesen Kanal rund 10 Milliarden Dollar den Weg in die Heimatländer gefunden haben.

Das Unternehmen steht allerdings für seine zum Teil horrenden und intransparenten Gebühren in der Kritik: 10 oder 20 Prozent sind fast schon Standard, und nicht selten kommt sogar nur die Hälfte des Geldes beim Empfänger an. Die Kombination aus Sender- und Empfängerland bestimmt die Höhe der fälligen Gebühr.

Mittlerweile haben sich auch andere Anbieter auf diesen Markt getraut. Einer von ihnen ist Abra. Das Unternehmen aus Mountain View in Kalifornien wurde von Bill Barhydt gegründet, einem ehemaligen Softwareingenieur von Goldman Sachs, der auch bereits für die NASA und die CIA gearbeitet und anschließend mehrere Technologieunternehmen ins Leben gerufen hatte.

Abra bietet via App die Möglichkeit, auf der Basis der Blockchain-Technologie Geld oder Bitcoins zu transferieren. Das Geld landet auf dem Handy eines »Abra Tellers«, auch »human ATM machine« genannt, der zum Haus des Empfängers fährt und ihm den Wert in bar auszahlt. Die verrückte Idee dabei: Jeder Abra Teller darf seine Gebühr selbst bestimmen, von der Abra selbst 20 Prozent als Provision einzieht. Abra empfiehlt eine Gebühr in Höhe von fairen 1,5 Prozent. Derzeit liegt der Mittelwert bei immer noch fairen 2 Prozent. Abra möchte schnell wachsen und nach eigenen Angaben das WhatsApp des Geldmarkts werden.

Popularität erhielt die App in der von Apple Music ausgestrahlten Reality-Fernsehsendung »Planet of the Apps«, in der App-Entwickler, die für den App Store produzieren, in einem 60-sekündigen Elevator Pitch ihre Idee präsentieren. Die Jury setzt sich zusammen aus vier Prominenten, die sich auch als erfolgreiche Unternehmer einen Namen gemacht haben: Jessica Alba, Gwyneth Paltrow, will.i.am und Gary Vaynerchuk.

Noch 2016 funktionierte das System nur zwischen den USA und den Philippinen, aber dank zahlreicher Finanzspritzen aus dem Netzwerk von Gwyneth Paltrow sowie Investments durch den indischen Milliardär Ratan Tata und American Express konnte der Service bereits 2017 weltweit verfügbar gemacht werden.

Netzwerkkapitalismus: So geht Erfolg heute

Das Unternehmen, das im Zentrum seines Netzwerks steht, hat die besten Chancen, langfristig erfolgreich zu sein. Es knüpft die Fäden und baut ein Netz aus Abhängigkeiten um sich herum auf. Abhängigkeiten, bei denen beide Seiten Gewinne abschöpfen. Das Kernstück bestimmt die Richtung, in die das gesamte Netzwerk sich im Flow bewegt.

Apple und Google sind solche Unternehmen. Sie inspirieren ihre Netzwerkpartner, neue Ideen zu entwickeln, die das Zentrum und in der Folge auch das gesamte Netzwerk noch stärker machen. Es entstehen Potenziale und Werte, die sich gegenseitig befruchten und voneinander profitieren. Denken Sie nur an die 1,5 Millionen App-Entwickler, die für Apple jeden Tag neue Ideen entwickeln und so jedes iPhone zu einem Unikat machen. Dabei gewinnen beide: Apple kassiert für jeden Download im App Store eine Vermittlungsgebühr in Höhe von 30 Prozent. Der Rest wandert auf das Konto des Entwicklers.

Ich bin überzeugt, dass Steve Jobs aus seinen Fehlern gelernt hat: Beim Macintosh wollte er nicht teilen – und hat damit fast alles verloren. Anders als Bill Gates von Microsoft hat er seinen Computer nicht lizenziert. Ein Jahr nach dem Start des iPhones holte er die App-Entwickler ins Boot, denn er hatte schlicht und einfach erkannt, dass Teilen mehr Gewinn bringt. Partnerschaft in Reinkultur.

Es spielt keine große Rolle, ob es sich bei den einzelnen Netzwerkpartnern um akquirierte Unternehmen oder um selbstständige Lieferanten handelt. Entscheidend ist nur der Beitrag, den ein Unternehmen leistet, damit das Netzwerk selbst Höchstleistungen erbringen kann. Das Zentrum profitiert nicht allein von der Stabilität des Netzwerks – jeder Knotenpunkt erhält wirtschaftliche Stabilität, Selbstbewusstsein und Zukunftsperspektive, denn nur Wertschätzung und Loyalität gegenüber den Partnern garantieren die Tragfähigkeit.

Diese Führungsqualität schafft Vertrauen, und dieses Vertrauen ist der Schrittmacher, der den Flow vorwärtspumpt. Solche Netzwerke sind überall möglich, und ihre Finanzmacht wird in zwei Jahrzehnten die Macht der Banken ablösen. Und gleichzeitig den alten Kapitalismus ersetzen, wie wir ihn seit Adam Smith kennen.

Das schwächste Netzwerk

Netzwerk. Ein großes Wort, denn es ist fast schon Synonym für die Summe aus Kompetenz, Gegenseitigkeit, Know-how, Leistungsfähigkeit, Synergie und Austausch auf höchstem Niveau. Doch »Netzwerk« ist nicht nur ein großes Wort, sondern auch – und in erster Linie – ein Modewort, ganz besonders aus Sicht des Einzelnen. Wer nicht in einem Netzwerk aktiv ist, scheint nicht leistungsfähig und erst recht nicht teamfähig, so die weitläufige Einschätzung.

Auf dieser Denkweise basiert der Erfolg von Netzwerken wie XING und LinkedIn. Sind Sie auch dort vertreten? Vielleicht sogar auf beiden Plattformen? Ja, natürlich, denn wir sind soziale Lebewesen und folgen gern jemandem, den wir bewundern. Der Ruhm des Erfolgreichen, des Anerkannten, strahlt auf uns ab, wenn wir uns mit ihm verknüpfen.

Wer bei beiden Plattformen mehr als 20 oder sogar mehr als 100 Kontakte hat, sollte jetzt in sich gehen und sich folgende Fragen stellen: Wie oft tausche ich mich persönlich beim Businessfrühstück oder beim Brainstorming mit jedem einzelnen Kontakt aus? Mit wem tausche ich mich überhaupt aus? Mit wem habe ich wirklich einmal bei einem Projekt zusammengearbeitet? Und wer dient nur als Füllmaterial, um meinen Account wichtig erscheinen zu lassen? Das schwächste Netzwerk ist immer eines, das keinen Zweck erfüllt, sondern nur wertvolle Zeit für seine Pflege in Anspruch nimmt – und sich damit selbst in die Sinnlosigkeit befördert.

Überhaupt ist »digital« weitaus öfter sinnfrei, als wir denken und zugeben würden: »Despacito« zum Beispiel, das erfolgreichste Video bei YouTube, hat rund 4,8 Milliarden Klicks. Und über 2 Millionen Kommentare. Wer meldet sich freiwillig, die zu lesen, selbst wenn 50 Prozent aller Kommentare bei YouTube »Cooles Video!« lauten, in welchen Sprachen dieser Welt sie auch gepostet sein mögen? Wie sinnvoll sind in Foren Kommentare der Kategorie »Ich schließe mich der Meinung meines Vorredners eins zu eins an« oder »Dem ist nichts hinzuzufügen«? Wir werden gezwungen, sie zu lesen, denn niemand sortiert sie aus. Auch hier soll Quantität Qualität vortäuschen. Bei Amazon las ich neulich bei einer Produktbeschreibung unter der Rubrik »Kundenfragen und -antworten« den Hilferuf eines Kunden: »Ist dieser Adapter kompatibel zum iPhone X?« Die Antwort eines anderen Kunden war ehrlich, aber eher verwirrend als hilfreich: »Keine Ahnung, ich besitze beide nicht.«

Stanford: das Bildungsnetzwerk

Silicon Valley: Für die einen das Tal der Hoffnung, für die anderen das Tal des Todes. Alles begann mit der Stanford University, einer Bilderbuchuni, wie jede Stadt der Welt sie gern hätte. Kein bürokratischer, starrer Klotz, sondern eine bewegliche Institution, die alles richtig macht, was man richtig machen kann. Richtig und vor allem schnell. Die Studenten nicht zum Studieren, sondern zum Gründen animiert.

Während Journalisten der großen amerikanischen und europäischen Gazetten sich die Hände wund schreiben und diese anschließend wie Klageweiber beschwörend gen Himmel strecken – mit Schlagzeilen wie »Ist Stanford eigentlich noch eine Universität?« oder »Erfüllt diese Uni überhaupt noch ihren Forschungs- und Bildungsauftrag?« –, spuckt Stanford weiterhin überragende Köpfe und brillante Gründer am Fließband aus. Ein Professor auf sieben Studenten, in manchen Kursen auf zwei Studenten: Das allein ist schon Garant für eine Ausbildung auf allerhöchstem Niveau.

Wer in Stanford eine Idee hat, wird gefördert. Mit allem, was der Gigant zu bieten hat. Warum können die das und wir nicht? Die Antwort ist erschreckend einfach: Weil sie das Geld haben. Und das haben sie, weil sie es verstanden haben, erfolgreiche Absolventen auf Dauer an sich zu binden. Nicht nur als potente Geldgeber (ein 100-Millionen-Dollar-Scheck auf dem Mahagonischreibtisch des Dekans ist keine Seltenheit), sondern auch als aktives Netzwerk.

Stanford ist anders: Nur 5,1 Prozent der Bewerber erhalten einen Studienplatz. Die Ivy League im Osten mit klangvollen Namen wie Harvard, Yale und Columbia steht auf dem Abstiegsplatz – trotz einer um bis zu 40 Prozent höheren Zulassungsquote. Die traditionsreichen Unis, die über Jahrzehnte Generationen von Wall-Street-Jüngern ausgespuckt haben, verlieren immer mehr an Qualität. Der Trend von der Finanz- zur Technologiewelt wächst mit jedem Jahrgang. Ostküste verliert gegen Westküste.

Ein starkes Netzwerk kann nur von einem anderen starken Netzwerk auf Abstand gehalten werden. Meine Fragen dazu: Warum kooperieren die großen deutschen Blue Chips nicht? Warum bündeln sie ihre Milliardengewinne nicht, um damit eine eigene Talentschmiede aufzubauen?

Scheitern – eine Frage der Ehre

Scheitern, Misserfolg, Niederlage: Drei Worte für das Verlieren auf ganzer Linie. Aber eine Niederlage muss nicht immer gleich ein Misserfolg sein. Man kann schließlich jederzeit wieder aufstehen und einen neuen Versuch starten. Und man kann viele Spiele verlieren und trotzdem die Meisterschaft gewinnen. Menschen neigen dazu, ihren gesamten Wert daran zu bemessen, was sie in einem einzigen Moment wert sind: im Moment der Niederlage.

Hier haben die Amerikaner ein kulturell völlig anderes Verständnis. Dort ist jemand, der versagt, noch lange kein Versager. Wer sich in die Ecke zurückzieht und sich dort für sein Scheitern schämt, wird kaum Zeit und Kraft finden, neue Lösungen auszuprobieren. Zu groß ist die Angst, erneut zu scheitern und noch tiefer nach unten gezogen zu werden.

»Ich verliere nie. Ich siege, oder ich lerne«, soll Nelson Mandela einst gesagt haben. Und ein japanisches Sprichwort fordert sogar: »Fall siebenmal hin. Steh achtmal auf.« Vielleicht weiß nur jemand, der tief gefallen ist, Erfolg auch wirklich zu schätzen. Erfolg ist das Ende eines ausgefeilten Plans, aber wer nimmt sich schon die Zeit, auch das mögliche Scheitern minutiös zu planen? Die Zahlen lügen nicht: Nicht der Erfolg, sondern das Scheitern ist der Standard. In Silicon Valley gilt das genauso wie bei uns. Identische Zahlen. Wir ergötzen uns an den Gescheiterten, die im Dschungelcamp und von Peter Zwegat vorgeführt werden, statt uns zu fragen, ob wir nicht selbst Scheiterpotenzial in uns tragen.

Wenn Banken über Listen von insolventen Unternehmern verfügen und für alle Zeit deren Kreditanfragen ablehnen, kann man mit der Devise »Aus Scheitern lernen« leider nur wenig anfangen. Scheitern ist bei uns eng verbunden mit Schuld. Man ist gezwungen, andere, meist umständlichere Wege zu finden, um bessere Ideen irgendwann doch noch umzusetzen.

Viele große Persönlichkeiten sind gescheitert, bevor sie Erfolg hatten. Ganz abgesehen von den vielen Sportlern, die Spiel um Spiel und Finale um Finale verlieren, um Jahre später doch endlich ganz oben auf dem Treppchen zu stehen, was den Erfolg angeblich deutlich wertvoller macht. Nicht nur Unternehmerpersönlichkeiten beweisen immer wieder, wie sehr Niederlagen eine Jetzt-erst-recht-Mentalität in Gang setzen können. Hier ein paar Beispiele:

- Henry John Heinz produzierte mit seinem Partner 1869 Meerrettich in Gläsern, doch 1875 mussten sie Insolvenz anmelden. Ein Jahr später gründete Heinz mit seinem Bruder und einem Cousin ein neues Unternehmen, das sich unter anderem auf Tomatenketchup in Flaschen spezialisierte. Der Rest ist Rekordgeschichte.

- Nick Woodman war ein fantastischer Surfer, aber ein eher mittelmäßiger Student. Seine beiden Start-ups scheiterten grandios in kurzer Folge: Auf seiner Webseite EmpowerAll.com verkaufte er erfolglos elektronische Geräte zu absoluten Kampfpreisen, und mit Funbug, einer Gaming-Plattform, versuchte er vergeblich, das Thema Entertainment neu zu definieren. Auf einem Surftrip in Australien und Indonesien, wo er seine Künste ergebnislos auf Video festzuhalten versuchte, kam ihm schließlich die Idee für ein noch nicht existierendes Produkt: Die Action-Cam GoPro war geboren. 2014 zählte Nick Woodman zu den jüngsten Milliardären der Welt.

- Momofuku Andō gründete 1933 im japanischen Osaka ein Bekleidungsunternehmen. Doch der Erfolg blieb aus. 1948, in der schwierigen Nachkriegszeit, wurde er wegen Steuerhinterziehung zu zwei Jahren Gefängnis verurteilt. Danach gründete er ein weiteres Unternehmen, das sich anfangs mit der Produktion von Salz über Wasser hielt. Acht Jahre später experimentierte Momofuku Andō monatelang mit gekochten Nudeln, die er haltbar machen wollte. Als es ihm endlich gelang, war der Instant-Nudel-Hersteller Nissin Food Products geboren. 1971 folgte die Einführung des Polystyrol-Bechers, der den Siegeszug der »Cup Noodles« rund um die Welt einläutete. Andōs ursprünglicher Traum, das Hungerproblem der Welt zu lösen, wurde allerdings nur ein kleines Stück Wirklichkeit. Aber die Geschichte beweist, dass Träume verdammt gut darin sind, Macher zu motivieren.

Kapitel 5: Konzept schlägt Produkt

Dienstleistung als Innovationsträger Nummer eins

Wer heute *Musik* sagt, assoziiert diesen Begriff nicht mehr schlagartig mit Noten, Klängen, Instrumenten, Melodien und Stimmen. Wer heute *Musik* sagt, meint in erster Linie ein Vermarktungskonzept: Musik ist iTunes. Musik ist Spotify. Musik ist Amazon Unlimited.

Während Musik im 21. Jahrhundert längst angekommen ist, leben viele Musiker noch im 20. Jahrhundert, denn sie haben das Konzept noch nicht in seiner Gesamtheit begriffen. Nur aus diesem Grund wehren sich einige weiterhin mit Händen und Füßen gegen das Modell der Flatrate, weil ihnen im Vergleich zur alten Welt Umsätze massiv wegbrechen.

Auf den ersten Blick mag die neue Form des Hörens sich durchaus disruptiv anfühlen, besonders auf dem Konto, denn bei einem Bruchteil eines Cents pro Klick kann man in finanzieller Hinsicht nicht gerade von »There's no business like show business« sprechen. Doch bereits auf den zweiten Blick wird aus diesem Denken eine Dissonanz, denn die Logik dahinter basiert auf dem Irrglauben, dass das alte Geschäftsmodell aus den Achtzigerjahren fair war. Das war es nämlich aus heutiger Sicht überhaupt nicht. Wie war es denn damals?

Wer einen Song mochte, kaufte sich die Langspielplatte für 17 Mark oder die Single für 6 Mark – vorausgesetzt, der heiß geliebte Song wurde auch als Single ausgekoppelt. Wenn man sich ins Gedächtnis ruft, wie viele Langspielplatten man gekauft hat, auf denen nur ein oder zwei vernünftige Songs waren, fühlt man sich im Nachhinein betrogen, aber Betrug verjährt bekanntlich. Apple war der erste Anbieter, der über iTunes einzelne Songs zu fairen Preisen listete. 99 Cent sind im Vergleich zu 6 Mark ein Schnäppchen, zumal digitale Songs nicht unter Kratzern leiden. Musik für die Ewigkeit.

Keine Pressungen mehr, keine Logistik, keine Nebenkosten: Einsparpotenziale wurden an Kunden plötzlich weitergegeben, nachdem sie beim Übergang von der LP zur CD noch zu unverständlichen Preiserhöhungen führten, die von den Kunden aus Mangel an Alternativen in Kauf genommen werden mussten. Im Nachhinein wissen wir es besser: Kein Mensch wollte jemals eine Langspielplatte oder eine CD kaufen. Nicht einmal *Bravo Hits* wollten wir. Eigentlich wollten wir immer schon die für uns optimierte und von uns zusammengestellte Playlist. Damals mussten wir sie uns mühsam auf Chromdioxidkassetten selbst aufnehmen, heute genügen ein paar Klicks.

Im Übrigen teile ich nicht die viel zitierte Kritik, dass die großen Musiklabels den Trend zu den Downloads verschlafen hätten. Schließlich hätte sich niemand die Mühe machen wollen, bei Tausenden von Labels nach einzelnen Songs zu suchen. 100 Downloads hieße im Worst Case100 Accounts und 100 Rechnungen. Nein danke – die gesammelten Werke bei iTunes geben dem Downloadgedanken erst wirklich einen höheren Sinn. Natürlich hätten sich die Musiklabels der Welt zusammenschließen können, um einen eigenen allumfassenden Store anzubieten. Ob das allerdings unterm Strich für den einzelnen Künstler lukrativer gewesen wäre, möchte ich ebenfalls bezweifeln.

Mit dem letzten Schritt der Digitalisierung verschwanden von heute auf morgen die Markteintrittsbarrieren im Musikbusiness: YouTube bietet Künstlern heute eine kostenlose Plattform, ihre Musik einem Massenpublikum zugänglich zu machen. Nie wieder bei Labelmanagern vorspielen, die von Musik nichts verstehen. So wie die Beatles, die am Neujahrstag 1962 vom Decca-Manager Dick Rowe mit der Begründung abgelehnt wurden, dass Gitarrenbands sowieso bald aus der Mode kämen. Stattdessen verpflichtete Decca die Tremeloes, die an diesem Tag ebenfalls vorgespielt hatten.

Bei solchen Fehlgriffen kommt mir immer die altbekannte HR-Weisheit in den Sinn: »Erstklassige stellen Erstklassige ein. Und Zweitklassige Drittklassige.« Aber wir sollten uns mit solchen Urteilen zurückhalten, denn wir wissen nicht, welches Material in welcher Qualität die Beatles damals präsentiert haben. Vielleicht hätten wir ja ähnlich vernichtend geurteilt.

»Broadcast yourself« lautet der YouTube-Slogan, und unzählige Künstler und Möchtegernkünstler jeglicher Couleur haben das wörtlich genommen. Heute kann jeder über seinen eigenen Kanal seine Kunst auf dem Markt bekannt machen. Auch im Musikbusiness verlieren die Mittler deshalb mehr und mehr an Boden. Genau dieser Riesenvorteil ist gleichzeitig der größte Nachteil des Systems, denn hier wird ohne Filter gespielt: Unendlich viele Musiker fluten einen Markt, den sich vorher nur einige wenige Auserwählte teilen durften. Allerdings ist das Budget der Kunden wie in analogen Zeiten begrenzt. Wer kauft sich schon mehr als drei CDs oder 30 Songs pro Monat, wenn er nicht gerade als DJ seine Brötchen verdient?

Die Quintessenz: Die Großen müssen den Kleinen ein beachtliches Stück vom Kuchen abgeben. Dazu kommt das Kaufverhalten des Kunden, das Vor- und Nachteile mit sich bringt: Songs kann man auf den Plattformen auszugsweise oder bei YouTube in vollem Umfang kostenlos hören. Das reduziert zwar auf der einen Seite mögliche Einnahmen, sorgt aber auf der anderen Seite dafür, dass Kunden in Musikgenres reinschnuppern, in die sie sonst ein Leben lang nicht einen einzigen Cent investiert hätten. Die Vielfalt des Angebots schlägt sich so auch auf den Geschmack nieder.

Es ist wie mit den illegalen Downloads: Kaum einen der 100.000 Songs, die ein Onlinepirat sich damals aus dem Netz gesaugt hat, hätte er für bare Münze gekauft. Hier allein aufgrund der Digitalität des Produkts von entgangenem Umsatz zu sprechen, ist von den Anwälten der Musikindustrie schon ein bisschen um die Ecke gedacht.

Ein anderes interessantes Geschäftsmodell, das in der digitalen Welt Kunden zu begeistern weiß, ist das Freemium-Konzept, das Plattformen wie Spotify, LinkedIn und XING anwenden: Sie bieten im ersten Schritt einen abgespeckten Service kostenlos an, um im zweiten Schritt die Vollversion – mit zusätzlichen Features oder werbefrei – für relativ kleines Geld unter die Leute zu bringen.

Doch auch hier trennt sich die Spreu vom Weizen, soll heißen: das Angebot vom Budget. Wie viele Dienste für jeweils 10 bis 20 Euro Monatsgebühr nutzen Sie? Definieren Sie kurz Ihre persönliche Schmerzgrenze: Wie viel möchten Sie maximal pro Monat für Musik ausgeben? Wie viel für Filme? Wie viel für Bücher, E-Books, E-Papers und Spiele? Wie viel für sonstige Software und Apps?

Aus Sicht einer Plattform ist das angebotene Produkt ein absolutes Must-have, das viel Erleichterung in den Alltag bringt. Und viele würden das Angebot auch nutzen – wenn sie nicht vorab einen anderen, lieb gewonnenen Dienst kündigen müssten, um sich den neuen leisten zu können. Das ist die Herausforderung, der sich die Anbieter von morgen stellen müssen: Kunden zu überzeugen, auf einen Dienst zu verzichten, um dem eigenen den Vorrang zu gewähren.

Eine gute Idee auf dem digitalen Marktplatz ist also künftig kein Garant mehr für exorbitante Umsätze. Der Drang, eine digitale Idee umzusetzen, ist groß, denn die Investition ist angesichts der Gewinnaussichten überschaubar. Aber wenn man sich selbst ein paar Minuten Selbstreflexion gönnt, wird man einsehen, dass die Welt vermutlich nicht auf ein Dutzend weitere Musik-Streaming-Dienste wartet. Plattformen sind riesig, doch in Bezug auf die Anzahl innerhalb der Branche nicht endlos skalierbar. Jedes Stadtviertel kann ein paar Dutzend Friseure vertragen; ein Dutzend Musik-Streaming-Dienste weltweit sind schon ein halbes Dutzend zu viel. Die Marktführer einer jeden Branche kann jeder auf Anhieb nennen. Aber wer kennt schon die zweitgrößte Plattform oder gar die Nummer drei? Machen Sie den Selbsttest.

Das perfekte Auto

Verfügt Ihr Auto über das Extra »Lenkradheizung«? Tolle Sache, besonders im Winter. Und weil Sie die in der Regel auch nur in der kalten Jahreszeit einschalten, wird sie bei manchen Herstellern mit der Taste für den beheizbaren Fahrersitz kombiniert. Sie haben also bei kalten Fingern die Qual der Wahl: beides oder gar nichts.

Vor das deutlich größere Entscheidungsproblem stellt Sie der Hersteller aber lange vorher: beim Bestellprozess. Lenkradheizung gibt es nämlich nur bei den wenigsten Herstellern als einzeln wählbare Option. Bei den meisten müssen Sie dieses angenehme Feature im Paket mit Zusatzoptionen buchen, die Sie gar nicht haben möchten. Bezahlen müssen Sie sie trotzdem.

Viel einfacher wäre es doch, wenn man die technischen Möglichkeiten von heute ausreizte. Bleiben wir beim Lenkrad: Da gibt es solche mit und ohne Lenkradheizung, mit und ohne Bedientasten für Radio, Telefon und Tempomat. Es gibt Lenkräder aus Kunststoff oder lederummantelt, mit drei oder vier Speichen. Am Ende solcher Überlegungen stellt man fest: Unzählige Kombinationen sind möglich, und für jede dieser Kombinationen braucht der Hersteller am Montageband eine große Kiste im Regal. Nicht nur logistisch ein exorbitanter Aufwand, der an Wahnsinn grenzt.

Die Lösung, die alle glücklich macht: ein einziges Lenkrad. Mit allem drin und allem dran. Zum Festpreis. Sie kaufen dann nicht mehr wie seit 100 Jahren ein fertiges Produkt, das bis zur Verschrottung so bleibt, wie es ist, sondern ein updatefähiges. Warum eigentlich darf nur Software mit Updates verbessert werden? Ihre Wünsche entscheiden: Wollen Sie Lenkradheizung? Dann loggen Sie sich in Ihrem Account auf der Herstellerseite ein und schalten Sie die Funktion einfach frei. Die Kosten bucht der Hersteller dann zeitgleich von Ihrem Konto ab. Über Satellit wird das Feature in Ihrem Fahrzeug unverzüglich per Code freigegeben.

Von Hardware wie Ledersitzen, Felgen und Farben abgesehen lässt sich dieses System bei unzähligen Features einsetzen. Verkehrszeichenerkennung? Will ich haben. Tempomat? Will ich haben. Einparkhilfe, Abstandswarner, Müdigkeitserkennung, Spurhalteassistent, Head-up-Display, Navigationssystem, Schiebedach? Will ich haben. Die Mehrkosten für zum Beispiel anfangs nicht genutzte Sensoren werden durch die Einsparungen bei der Logistik zum Teil aufgefangen. Den anderen Teil spendiert der Kunde, der bereit ist, für ein modulares Auto einen Mehrpreis zu zahlen. Je nach Fahrzeugklasse könnten sich sogar Soundsystem und Standheizung rechnen. Das Baukastenprinzip – Fachchinesisch: Modularität – ist das, was Kunden wünschen. Das Starre verschmähen sie. Wie viele Kunden haben ein iPhone *nicht* gekauft, weil es im Gegensatz zu Android-Geräten keinen erweiterbaren Speicher besitzt?

Und wenn wir gerade im Auto sitzen: Warum eigentlich sind Knöpfe und Hebel bei jedem Hersteller unterschiedlich belegt und positioniert? Wenn Sie Passat fahren und Ihre Frau Golf, ist ein Umsteigen einfach. Wenn Ihre Frau allerdings auf Mustang umsattelt, heißt es Abschied nehmen von intuitiver Bedienung. Man möchte manchmal meinen, die Hersteller verstehen ihr eigenes System als Kundenbindungsmaßnahme. Wie bei den vielen verschiedenen Ladekabeln der Smartphones und Tablets, die trotz der seit 2009 (!) laufenden Regulierungsbemühungen immer noch unterschiedlich sind.

Nur kaufende Kunden sind gute Kunden

Ob durch den Wandel 50 Prozent oder nur 30 Prozent der Jobs wegfallen, ist unerheblich. Fakt ist: Wenn auch nur 10 Prozent der Menschen ihren Arbeitsplatz verlieren und diese Menschen nicht in neu generierte Jobs vermittelbar sind, wird die Arbeitslosenquote ein Niveau erreichen, das wir mit den aus heutiger Sicht zur Verfügung stehenden Mitteln nicht stemmen können.

Jeder CEO kann sich selbst ausrechnen, dass die Zahlen seiner Bilanz unmittelbar mit der Kaufkraft der Bürger zusammenhängen. Transformation klingt besser als Revolution und Disruption, und deshalb muss jeder Einzelne noch heute damit beginnen, auf die digitale Veränderung angemessen zu reagieren. Wer noch nicht begonnen hat, muss zumindest einsehen, dass Untätigkeit und Aussitzen keine Alternativen sind. Denn wenn alle rennen, sind Stehenbleiben oder Umkehren vermutlich nicht die Lösung des Problems.

Die Transformation kann nur gelingen, wenn alle Mitarbeiter überzeugt, motiviert und eingespannt werden. Knapp 75 Prozent der Unternehmen behaupten, eine digitale Strategie definiert zu haben, doch nur 15 Prozent der Vorstände glauben, dass diese auch mit Bordmitteln umzusetzen ist. Strategien sind immer nach vorn gerichtet: Wo will ich in fünf Jahren stehen? Wie könnte mein Geschäftsmodell in zehn Jahren noch funktionieren? Welchen Spielraum habe ich, auf Veränderungen zu reagieren, ohne an der Mitarbeiterschraube zu drehen?

Wer neue Kundensegmente erschließen möchte, muss sich zuallererst mit seiner Innovationsfähigkeit auseinandersetzen. Wir brauchen neue Geschäftsmodelle, neue Produkte, neues Denken, und wir müssen den Mut haben, das Erdachte auch umzusetzen. Wer nur für das Reißbrett denkt, denkt umsonst. Wenn eine Idee in vielen klugen Köpfen funktioniert, stehen die Chancen gut, dass sie sich auch am Markt durchsetzt. Wer wagt, gewinnt. Wer nicht wagt, wird früher oder später Opfer seiner eigenen Bedenken. Hier ein paar Innovationen mit Potenzial. Der Kunde allein entscheidet, ob er kauft.

Disruptive Chocolate

Milchschokolade kennt jeder. Zartbitter auch. Selbst weiße Schokolade ist uns allen ein Begriff, denn die gibt es inzwischen schon seit rund 80 Jahren. Dass es eigentlich keine Schokolade ist, weil sie von der gesamten Kakaomasse lediglich die Kakaobutter enthält, sei nur am Rande erwähnt. Rote Schokolade hingegen kennt niemand, den sie wurde gerade erst entwickelt. Das Geheimnis der Herstellung hütet der belgische Schokoriese Barry Callebaut, der das Produkt mit dem Namen »Ruby Chocolate« Ende 2018 auf den Markt bringen möchte. Ohne Zusatz von Farb- und Geschmacksstoffen soll das Produkt Auge und Gaumen an die Frische von roten Beeren erinnern.

Aber das ist noch längst nicht alles, was die Innovationszentren des Marktführers in den letzten Jahren ausgetüftelt haben. Thermoresistente Schokolade ist der andere Hit, mit dem der Hersteller künftig die Schokoladenwelt revolutionieren möchte. Wenn das Produkt nicht mehr in der Hand, sondern erst im Mund schmilzt, eröffnen sich neue Zielgruppen.

Auch ein anderes Problem wird von der Forschungsabteilung offensiv angegangen. Der Verbraucher hält die sogenannte Fettblüte – den weißen Belag, der nach Erwärmen und Wiedererkalten auf der Oberfläche entsteht – für einen Qualitätsmangel. Wem es gelingt, diesen Kristallisationsprozess zu vermeiden, der punktet folglich im Qualitätsempfinden, was der Kunde bei der Auswahl und an der Kasse gern bestätigt und honoriert.

Aller guten Dinge sind drei: Der nächste Pfeil im Köcher des Herstellers ist die gesündere Schokolade, die einen Verzehr ohne Schuldgefühle erlauben soll. Dazu wird der Zucker ersetzt durch Maltit; zum Volumenausgleich eignet sich nach ersten Tests eine Fasermischung aus Zichorienwurzeln, die ganz nebenbei ein ballaststoffreiches Produkt generiert.

Mit all diesen Entwicklungen setzt der Konzern auf einen Erfolgstrend: nicht nur Produkte liefern und Scheuklappen aufsetzen, damit niemand bei der Umsetzung stört, sondern die Kundenwünsche in den Mittelpunkt der Forschungsbemühungen stellen. Diesen Trend haben auch andere als Innovationsmotor erkannt, wie wir in den folgenden Beispielen sehen werden.

Augen auf beim Häuserkauf

Die eigene Wohnung, das eigene Haus: Jeder träumt davon, aber für viele ist Baustress ein wahrer Albtraum, auch wenn der zunächst nur durch Hörensagen erfahren wird. Deshalb setzen die meisten Immobilieninteressenten lieber auf eine Bestandsimmobilie und schalten den Makler ihres Vertrauens ein, der daraufhin seinen Bestand nach passenden Objekten durchforstet. Nach Erhalt der Exposés verabredet man sich mit ihm zur Besichtigung der infrage kommenden Domizile.

Das war die Version von gestern und heute. Morgen wird das Geschäftsmodell bei uns so aussehen, wie es heute schon in Kalifornien gedacht und umgesetzt wird. Dort hat man sich dem neuen Kundendenken angepasst und ein Maklermodell entwickelt, bei dem das Wohnglück des Kunden und seine begrenzten Zeitfenster im Fokus stehen, nicht die Höhe der Provision.

Kunden wissen, dass ein Immobilienkauf Zeit braucht, denn eine falsche Entscheidung kann mehr als teuer werden. Allerdings haben sie immer weniger Lust, monatelang Abend für Abend in Immobilienportalen aus der Fülle der Angebote nach dem ultimativen Schnäppchen zu suchen. Sie möchten nicht allzu viel ihrer wertvollen Freizeit für die Besichtigung von unzähligen Immobilien opfern, die dann doch nicht dem im Exposé vermittelten Bild entsprechen.

Doch für Makler gibt es noch schlechtere Nachrichten: Kunden erwarten heute völlige Transparenz und Offenheit und haben längst ein Gespür für Verkäuferfloskeln entwickelt, nicht zuletzt dank entsprechender TV-Formate. Transparenz verhüllt nichts, und neue, intelligente Marketingstrategien setzen genau an diesem Punkt an.

Unter Einsatz aktueller und künftiger Technologien wird die Objektbesichtigung mehr und mehr zum Medienereignis: Das Unternehmen Matterport in Sunnyvale, Kalifornien, hat zum Beispiel eine Technologie entwickelt, mit der sich Immobilien mithilfe von 3-D-Kameras scannen lassen, um sie anschließend im virtuellen 4K-Raum zu besuchen. Kurz und knackig beschreibt der firmeneigene Slogan »Be there« die Vorteile des Konzepts: Der Kunde kann an einem regnerischen Wochenende Dutzende von Immobilien virtuell besichtigen, um am Montag die drei Favoriten persönlich und leibhaftig in Augenschein zu nehmen. Die ersten Makler, die auf diesen Zug aufspringen, verkaufen ihre Objekte in den Portalen deutlich erfolgreicher, weil Kunden bevorzugt die Objekte anklicken, die dieses neue Feature bieten.

Proptechs ist der Oberbegriff für die Start-ups, die – analog zu den Fintechs im Banken- und InsurTechs im Versicherungssegment – den

Immobilienmarkt neu aufmischen. Mit intelligenten Schnittstellen verbinden sie in Höchstgeschwindigkeit Bedarfe und Angebote. Ob Portfoliomanagement, Bauprojektmanagement oder Facilitymanagement: Kein Bereich bleibt verschont, alles wird auf den Kopf gestellt und durch Ziehen aller digitalen Register massiv vereinfacht. Der Immobilienkunde wird zum User.

Die nächste Nische mit Wachstumspotenzial ist der Bereich Service-Tech. Wer seine Kunden wirklich ernst nimmt, kommt nicht an Dienstleistungen vorbei, die den Kundenkontakt verbessern. So bietet das Start-up virtualQ aus Stuttgart eine Softwareschnittstelle an, die sich in jedes Telefonsystem integrieren lässt. Ruft ein Kunde im Servicecenter an, erkennt das System die Position in der Warteschlange und übernimmt für den Kunden das Warten. Nach Ablauf der Wartezeit erhält der Kunde eine Nachricht und ein Zeitfenster, innerhalb dessen er sich melden kann, um dann mit dem nächsten freien Mitarbeiter verbunden zu werden. Wartezeiten von 30 Minuten mit Musikberieselung und Werbeansagen entfallen, denn das Leben hat Wichtigeres und Schöneres zu bieten.

Ebenfalls eine gute Idee: LegalTech. Bei diesen Start-ups dreht sich alles um juristische Dienstleistungen. Die Digitalisierung hat damit endlich auch eine der angestaubtesten Branchen erreicht. Es gibt nicht nur Plattformen, die Rechtsberatung kostengünstiger anbieten, sondern beispielsweise auch solche, die dem Kunden nervenaufreibenden und zeitintensiven Papierkrieg abnehmen.

flightright.de beispielsweise setzt Schadensersatzansprüche gegenüber Fluggesellschaften durch, die durch Verspätungen, Annullierungen oder betriebsbedingte Ausfälle ausgelöst wurden. Wie alle großen Konzerne setzen auch Airlines bei einzelnen Kunden gern auf eine ausgeklügelte Zermürbungstaktik, um den Kläger zum frühzeitigen Aufgeben zu bewegen. Ähnlich sind die Abläufe beim Start-up bahn-buddy.de aus dem bayerischen Tuchenbach: Wer sich über die Verspätungen und Ausfälle der Deutschen Bahn ärgert, kann hier seine Fahrgastrechte durchsetzen. Und bei geblitzt.de aus Berlin kümmert man sich gern um die Bußgeldbescheide, die Sie als Autofahrer gesammelt haben.

Alle diese LegalTechs haben eines gemeinsam: Sie sammeln Daten, digitalisieren alles, was sich digitalisieren lässt, und nutzen gleich gelagerte oder sogar identische Abläufe als gewinnbringende Multiplikatoren.

Die beste Zeitung der Welt

Seit es das Internet gibt, sinken die Umsätze der Zeitungen und Zeitschriften. Warum morgen lesen, was schon heute im Internet steht? In allen Medienhäusern sitzen seit Jahren Experten an runden Tischen, die sich die Köpfe darüber zerbrechen, wie man wegbrechende Anzeigenumsätze und sinkende Abozahlen auffangen oder mit völlig neuen Angeboten fallende Gewinnkurven abfedern kann. Wie Zeitschriften- und Zeitungsmacher allerdings den Wert des eigenen Produkts einschätzen, erkennt man am besten an den Methoden, mit denen sie ihre Abonnements dem Leser schmackhaft machen möchten: Mit Akkuschraubern, Kochtöpfen und Billiguhren aus dem Ein-Euro-Laden (»Nur 7,00 Euro Zuzahlung!«) sollen Kunden zum Abschluss eines zeitlich begrenzten Abos bewegt werden – in der Hoffnung, dass sie dann den vertraglich vereinbarten Kündigungstermin verschlafen. Und damit den Konzern endlich in die Gewinnzone bringen.

Zeitungen sind wie Langspielplatten: Sie verkaufen ein Gesamtpaket, das eigentlich nie einer wollte. Deshalb hat sich das niederländische Start-up Blendle im Jahr 2014 auf den Weg gemacht, das iTunes der Verlagsszene zu werden: Hier können Sie sich auf der Website Ihre eigene Zeitung zusammenstellen. Ohne Werbung. Ohne Seitenfüllmaterial und Sättigungsbeilagen wie Kreuzworträtsel, Horoskop,

Sudoku und Verbrauchertipps. Blendle stellt von zahlreichen nationalen und internationalen Zeitungen und Zeitschriften einzelne Artikel zur Verfügung, jeweils am Tag des Erscheinens.

Die Preise werden von den Verlegern selbst definiert und reichen von 10 Cent bis 1,99 Euro pro Artikel. 30 Prozent des Umsatzes gehen an die Plattform. Die glänzt mit außerordentlicher Kundenfreundlichkeit auf Amazon-Niveau: Blendle verlinkt auch auf relevante Artikel, die auf den Webseiten der Verlage kostenlos zum Lesen angeboten werden. Noch kundenfreundlicher: die Geld-zurück-Garantie. Bezahlte Artikel lassen sich *nach* dem Lesen wieder umtauschen, wenn sie sich als nicht relevant genug erwiesen haben.

E-Health: Dienstleistungen für Körper und Geist

In der Medizin leistet der digitale Fortschritt Unglaubliches. Hier ein paar beeindruckende Beispiele aus dem Bereich Smartphone-Apps:

- Im August 2017 stellte die Universität von Washington die Früherkennungs-App »BiliScreen« vor, mit der Bauchspeicheldrüsenkrebs rechtzeitig erkannt werden kann. Wer diese Diagnose im späteren Stadium erhält, ist in der Regel bereits als unheilbar eingestuft und stirbt statistisch gesehen innerhalb der nächsten fünf Jahre. Die App funktioniert über die Kamera: Sie erkennt über eine Bilderkennungssoftware Gelbverfärbungen in der Sclera, der weißen Lederhaut des Auges. Die Gelbverfärbung weist auf eine Erhöhung des Bilirubinwertes hin, die ein Indiz für diese tückische Krebsart, aber auch für Hepatitis ist. Eine derzeit erreichte Trefferwahrscheinlichkeit von 90 Prozent ist für den Anfang ein fantastischer Wert.

- Die App »Preventicus Heartbeats« ist in der Lage, Herzrhythmusstörungen und Vorhofflimmern zu erkennen. Die App ist als medizinisches Produkt zugelassen (»klinisch validiert«) und reduziert effektiv das Risiko eines Schlaganfalls. Die Anwendung ist kinderleicht: Der kleine Finger wird für fünf Minuten auf die Kameralinse gedrückt; unmittelbar danach wird das Ergebnis angezeigt. Bei einem kritischen Befund kann ein Report im PDF-Format direkt zum Arzt des Vertrauens gemailt werden, der dann weitere Schritte mit Ihnen abstimmt.

- Es gibt schon heute Ärzte, die mehr Apps als Medikamente verschreiben. Ganz besonders in eher dünn besiedelten Gebieten ist das fast schon gängige Praxis, denn damit lassen sich Patienten auch aus der Ferne überwachen. Das Smartphone ersetzt das Markenzeichen eines jeden Arztes, das Stethoskop, aber auch teure Spezialgeräte wie den Elektrokardiografen. Seit knapp zwei Jahren macht es auch den Physiotherapeuten Konkurrenz: Die App »Upright« beugt drohenden Haltungsschäden vor. Man klebt sich einen Sensor (ein »Wearable«) auf den Rücken und erhält bei jeder Fehlhaltung eine Rückmeldung per Vibration. Nach einiger Zeit hat diese erzieherische Maßnahme den Effekt, dass man automatisch die gesündere Haltung einnimmt. Jetzt auch kompatibel mit der Apple Watch!

- Mit der App »LifeTime« ist der Arztwechsel ein Kinderspiel. Mit ihr lassen sich alle Befunde, Laborberichte und Röntgenbilder auf dem Smartphone speichern – selbstverständlich verschlüsselt und völlig kostenlos. Am Empfangstresen des Arztes werden die Daten dann ausgelesen und temporär genutzt.

- Die App »EyeXam« bietet Funktionen, um die Sehschärfe im Nah- und Fernbereich zu testen. Außerdem lassen sich Farbenblindheit, Schielen und Hornhautverkrümmung prüfen. Es scheint nur eine Frage der Zeit, bis wesentliche Aufgaben der Augenoptiker und Augenärzte von kostenlosen Smartphone-Apps übernommen werden.

Aber auch Schwergewichte der digitalen Welt wagen sich ans oder sogar ins Auge: Google, Sony und Samsung tüfteln seit einiger Zeit an smarten Kontaktlinsen und okularen Implantaten. Google beispielsweise arbeitet fieberhaft an Diabetikerlinsen, die laufend den Blutzuckerwert im Tränenfilm messen. Der Schweizer Pharmariese Novartis hat sich die Lizenz bereits gesichert.

Das nächste Science-Fiction-Projekt hat Google ebenfalls bereits patentiert: einen Minicomputer, der in nur acht Minuten hinter der Pupille eingepflanzt werden soll. Der soll nicht nur als justierbare Korrekturhilfe dienen, sondern per Lidschlagkommando auch als Zoomwerkzeug fungieren. Die Software erkennt an der Geschwindigkeit des Lidschlags, ob dieser gewollt ist (also einen Befehl darstellt) oder durch einen natürlichen Reflex ausgelöst wurde.

Per Lidschlag soll auch die neueste Kamera aus dem Hause Sony bedient werden. Die befindet sich in einer Kontaktlinse, natürlich inklusive Autofokus, Bildstabilisator, Videofunktion und WLAN. Der Strom wandert dank elektromagnetischer Wellen kabellos.

Ein ähnliches Produkt hat Samsung im Auge. Soll heißen: auf dem Reißbrett. Hier wird der Kontaktlinse noch eine Augmented-Reality-Funktion spendiert, die bei betrachteten Objekten oder Personen relevante Informationen ins Blickfeld sendet. Zurzeit sind all diese patentgesicherten Produkte noch im Entwurfsstadium. Ob und wann sie die Serienreife erlangen, steht noch in den Sternen.

Kapitel 6: Erfolgsmodelle – lukrativer als Geschäftsmodelle

Anderssein als Kickstarter

Anderssein. Jeder Motivationstrainer, der ein Buch über Erfolg geschrieben hat, schreibt Ihnen diese Einstellung auch auf Seite eins Ihres persönlichen Pflichtenhefts. Ich persönlich favorisiere folgendes Alleinstellungsmerkmal: Wer die Regeln bricht, gewinnt. Anderssein sorgt dafür, dass man sich vom Wettbewerb abhebt, und das ist gut zu wissen – aber die dazugehörige Frage lautet: Wie kann ich mich abheben?

Das ist unser Startschuss. Gemeinsam mit dem Unternehmer entwickeln wir die Zukunftsstrategie. Sie muss mindestens eines der drei Kriterien erfüllen: digital, disruptiv oder direkt.

Dabei entwickeln wir ein Konzept, das aus Sicht des Kunden als eindeutige Nutzeninnovation erkannt wird. Ein Nutzen ist allerdings nicht zwingend eine Innovation. Umgekehrt wird ebenfalls ein Schuh draus. Aus den Erfahrungen vieler Strategieberatungen und Coachings ergibt sich immer wieder das gleiche Bild: Wie der Kunde wirklich denkt, fühlt und handelt, war den Unternehmen in den wenigsten Fällen bekannt. Und noch weniger hat man den wahren Kittelbrennfaktor des Kunden gesehen.

Es ist wie eine Brücke, über die man gehen muss, um plötzlich alles mit anderen Augen zu sehen. Die Liste der Aha-Effekte bei diesen

Workshops würde den Rest des Buches füllen. Und die Fragen der Unternehmer sind immer die gleichen: »Warum konnten wir es vorher so nicht sehen?« Ganz einfach: Weil sie anders denken. Aus der eigenen Welt heraus.

Anderssein ist eine Einstellung. Eine Einstellung, bei der man bereit sein muss, sich auf eine andere Seite zu stellen. Eine Einstellung, die man erreichen muss, um offen auf das Neue zuzugehen. Dazu muss man das Neue auch erkennen wollen. Im Grunde ist es gar nicht so schwer. Wir praktizieren es ja bereits seit Jahrzehnten.

Zu uns kommen Unternehmen aus allen Branchen: Rechtsanwälte, Schraubenhersteller, Handwerksunternehmen, Versicherungen. Rund 60 Branchen haben wir bisher gezählt. In kaum einer davon waren wir zu Hause, und genau das hat sich als größter Vorteil erwiesen: Wir konnten Fragen stellen, die wir als Branchenexperten gar nicht mehr gestellt hätten. Dabei haben wir uns keine Gedanken darüber gemacht, ob wir es »Disruptive Thinking« oder »Design Thinking« nennen. Das einzige Ziel war immer, eine neue Zukunftsstrategie zu entwickeln, die dem Unternehmen eine Wachstumsperspektive für die nächsten fünf bis zehn Jahre bietet. Und wir haben dieses Ziel stets gefunden – indem wir uns auf die andere Seite gestellt und konsequent aus Sicht des Kunden geschaut und gehandelt haben.

Am Ende zählt dabei immer nur das Unerwartete, das Begeisterung und Verblüffung auslöst und dem Kunden nur eine einzige Wahl lässt: kaufen. Hinterher fragt man sich oft, warum man nicht früher darauf gekommen ist. Ein einziger Aspekt reicht schon aus, alles zu verändern. Viele Nutzeninnovationen werden allerdings erst durch die digitale Welt möglich. Der Vorteil liegt eindeutig bei denen, die jetzt handeln, weil die meisten überhaupt noch nicht so denken, wie es die Zeiten erfordern. Schließlich haben wir nie gelernt, mit Blick durch die digitale Brille zu denken.

Viele denken: Wir müssen nicht unbedingt anders sein. Es reicht aus, wenn wir dem Kunden suggerieren, dass wir besonders sind, und dafür haben wir unsere Marketingexperten, die die Botschaften entsprechend formulieren. In der Tat hat diese Strategie lange Zeit funktioniert. Heute ist der Kunde allerdings deutlich informierter und erkennt, ob Authentizität echt ist oder nur vorgetäuscht. Kunden kaufen heute immer dort, wo es einen echten Mehrwert gibt. Und nicht mehr dort, wo sie nur mit Versprechen und schönen Worten abgespeist werden.

Das Geld liegt auf der Straße

Die Unternehmen lechzen nach Erfolgsrezepten und sie lechzen am meisten nach denen, die für alle gelten, die jeder auf sein Unternehmen anwenden kann, mit denen quasi jeder sein bestehendes Geschäftsmodell in ein Erfolgsmodell verwandeln kann. Die gibt es aber nicht. Individuelle Probleme und Mängel brauchen immer auch individuelle Lösungen. Bei der Entwicklung solcher Rezepte ist in erster Linie Kreativität gefragt, und die basiert bekanntlich auf neuen Blickwinkeln.

Silicon Valley beispielsweise wird immer wieder als Schreckgespenst aller westlichen Industrien dargestellt. Schließlich scheint nahezu keine Branche vor Innovation oder gar Disruption gefeit. Silicon Valley ist vielleicht die Mutter der Digitalisierung, aber in meinen Augen ist es noch etwas ganz anderes, etwas viel Simpleres: ein Markt. Kalifornien ist mit seinen 40 Millionen Einwohnern immerhin halb so groß wie der gesamte deutsche Markt. Aus diesem Blickwinkel wird das Gespenst plötzlich ganz klein, denn es wird angreifbar.

Zugegeben: Kalifornien ist ein eher kleiner Markt für deutsche Schneepflüge, aber ein riesiger Markt für viele andere Ingenieurleistungen. Bleiben wir ruhig beim autonomen Fahren: Sollte das selbstfahrende

Auto irgendwann tatsächlich kommen, wird es garantiert zuerst auf den Straßen von San Francisco rollen. Und wenn Sie jetzt die Augen schließen und sich einen kalifornischen Highway zur Rushhour vorstellen, sehen Sie dort nicht eine Armada von weißen, kugelförmigen Google-Autos. Nein, Ihnen wird vor dem geistigen Auge die gesamte Bandbreite möglicher Designentwürfe präsentiert, denn in einer Welt, in der – Facebook sei Dank – Selbstdarstellung eine ganz neue Dimension erreicht, werden Menschen noch größeren Wert auf Individualität legen.

Wenn man sich nicht mehr mit Hubraum und Pferdestärken abheben kann, bleibt nur noch außergewöhnliches Design als Visitenkarte. Die gute Nachricht: Ein Designentwurf, der heute fünf Jahre braucht, um auf die Straße zu kommen, wird künftig innerhalb einer Woche verfügbar sein. Wenn Technik, Politik und Zeitgeist eines Tages autonomes Fahren möglich machen, können 3-D-Drucker zeitgleich auch Karosserien und Inneneinrichtungen in Stückzahl eins produzieren. Wenn Computer uns sicher durch den Verkehr steuern, brauchen wir keine Karosserien und Fahrgastzellen mehr, die Kollisionen standhalten. Hauchdünne, aber dennoch stabile Hüllen müssen lediglich Wetterschutz bieten – eine Herausforderung für unsere Materialforscher, unsere Designer und Ingenieure.

Solche Produkte sparen neben Material- und Produktionskosten auch eine ganze Menge Gewicht, und das wiederum schont bereits in der Produktionsphase die Umwelt und senkt folglich den Energieaufwand auf der Straße enorm. Folgeaufträge aus anderen Industrien lassen dann nicht lange auf sich warten.

Autonomes Fahren kennt nur ein Gesetz: Die Kommunikationsschnittstellen müssen kompatibel sein. Die logische Konsequenz: Wir sehen dann keine 20 Millionen Golf 10 oder 11 auf der Straße, sondern eher 20 Millionen verschiedene Modelle. Das Ende der Presswerke wird der Beginn der bezahlbaren Exklusivität. »Freedom of

Choice« und Individualität von morgen ersetzen die Uniformität von heute. Die Fahrzeuge Ihres Außendienstes müssen dann nicht mehr wie Autos aussehen, die Werbefolien spazieren fahren. Sie können endlich so aussehen wie die Produkte, die Sie herstellen.

Kaffeepause

Kaffee gab es auch 1990 schon an jeder Ecke zu kaufen. Einer von unzähligen gesättigten Märkten, auf denen es keinen Platz für Innovationen oder Revolutionen jeglicher Art gab – von dem einen oder anderen kleinen Geschmackserlebnis in Form einer neuen Bohnensorte oder Röstung abgesehen. Dann geschah das Unfassbare: Langsam, aber unaufhaltsam drängte das Nespresso-Modell auf den Markt.

Mit einer patentierten Kapsellösung, einem exklusiven Vertriebskonzept und dem Charme von George Clooney eroberte der Schweizer Hersteller Nestlé die ganze Welt. Gab es im Jahr 2000 eine einzige Nespresso-Boutique, sind es heute über 450. Über 12.000 Mitarbeiter und über 5 Millionen Facebook-Fans sind beeindruckende Zahlen, die beweisen, dass nicht nur in Nischen jede Menge Platz ist.

Natürlich ruft Erfolg auch Kritiker auf die Bühne. So wird dem System vorgeworfen, 40 Cent für eine Tasse Kaffee zu verlangen, die aus einer herkömmlichen Maschine lediglich 8 Cent kostet. Ich wette, dass diese Kritiker nach Verfassen ihres Artikels im Stadtcafé 2,50 Euro für eine Tasse bezahlen, wobei die Kosten für die Anfahrt noch gar nicht berücksichtigt wurden.

Das Erfolgsgeheimnis ist vielschichtig: Nespresso verkauft nicht nur rund 40 verschiedene Kaffeesorten – das System hat sogar eine völlig neue Kaffeekultur erschaffen. Den Konsum von Kaffee umschwebt plötzlich ein Hauch von Luxus, und das spürt man ganz besonders beim Betreten einer der Nespresso-Boutiquen, die sich optisch irgendwo zwischen Tempel und Apple Store positionieren. Anderssein vom Feinsten: Aus einem Hausfrauengetränk wurde in wenigen Jahren schwarzes Gold. Aus Gastgebern wurden Barista. Aus einem Geschäftsmodell wurde ein Erfolgsmodell. Nespresso hat sich einen eigenen Markt geschaffen – jenseits der Marktsättigung.

Wissen ist Macht

Es kommt nicht nur darauf an, eine Idee zu entwickeln, sondern auch darauf, ein passendes Vermarktungskonzept auf dieser Idee aufzubauen. Erst durch eine solche Addition können Idee und Know-how in Zählbares verwandelt werden. Neue Absatzmärkte für das eigene Produkt zu erkennen setzt voraus, dass man nicht betriebsblind ist. Und auch nicht blind für sich verändernde Märkte.

Ein trauriges Beispiel für das Beharren auf alten Mustern ist die 1805 gegründete Verlagsgesellschaft Brockhaus, die nach über 200 Jahren den Geschäftsbetrieb einstellen musste. Die Enzyklopädie für fast 3.000 Euro konnte der kostenlosen Onlinekonkurrenz von Wikipedia keine Argumente mehr entgegensetzen. Der gedruckte Brockhaus wurde zum Anachronismus, und auch seine Onlinevariante war für die Allgemeinheit nicht mehr lange überlebensfähig. Heute ist er nur noch für Unternehmen und Bibliotheken zugänglich, obwohl vermutlich deutlich mehr Fragen von Siri und Alexa beantwortet werden.

Die Fragen, die sich daraus ableiten, lauten: Warum ist es den Experten des Brockhaus-Verlages nicht gelungen, die Idee für die Erschaffung von Wikipedia selbst zu generieren? Und warum hat das 2009 untergegangene Unternehmen nicht mitbekommen, dass die Idee bereits 16 Jahre vorher öffentlich diskutiert wurde, bevor Jimmy Wales am 15. Januar 2001 die Seite wikipedia.com online schaltete?

Umsätze wurden in die nächste Ausgabe, die nächste Edition investiert. Neues Design und hochwertigeres Leder waren Verkaufsargumente, doch das, was Käufer wirklich wollten, konnte nicht geliefert werden: aktuelle Informationen. Wer die auch nur ansatzweise haben wollte, musste sich ständig die neueste Ausgabe ins Regal stellen und die alten Schinken anderen schmackhaft machen. An Argumenten mangelte es dann natürlich, denn Aktualität konnte nicht mitgeliefert werden.

Das konnte sie noch nie. Zwischen 1805 und 2006 erschienen lediglich 21 Auflagen. Irgendwann wurde auch den Stammkunden das größte Manko bewusst: Das Regal, in dem die schwere Kost lagerte, war nicht immer dort, wo gerade das Wissen benötigt wurde. Alle Nachteile des Brockhaus (und natürlich auch die Nachteile all der anderen Enzyklopädien) – Gewicht, Preis, veraltete oder überholte Informationen – sucht man beim Webprojekt von Jimmy Wales vergeblich. Wie viele Seiten eines Brockhaus wohl das gesamte Wissen von Wikipedia füllen würde?

Der Mann im Krähennest: Es gab ihn nicht. Niemand im Brockhaus-Verlag hat für möglich gehalten, dass man etwas so Umfassendes und Kostenintensives wie den Brockhaus der Welt kostenlos zur Verfügung stellen könnte. Niemand hatte den Auftrag, den Disruptor anzukündigen, der mit offenem Visier auf den eigenen Elfenbeinturm zumarschierte. Noch 2005 war sich der Verlag absolut sicher: »Wikipedia wird die klassische Enzyklopädie nicht verdrängen können. Wikipedia verwechselt hohe Quantität mit hoher Qualität.« War ein Maximum an Reichweite in Brockhaus-Augen Qualität oder Quantität?

Wikipedia ist nicht nur eine Onlineenzyklopädie, sondern auch ein Netzwerk. Damit meine ich nicht lediglich die Myriaden klickbarer Verlinkungen, die Wikipedia dem Brockhaus ebenfalls voraushat, sondern auch die Heerscharen von Autoren, die sich gegenseitig korrigieren und inspirieren.

Verbindungen werden immer mehr zum Schlüssel für Innovation. Wer in Zukunft über die besseren Verbindungen – sprich: über das stärkere Netzwerk – verfügt, wird nicht nur die Nase vorn haben. Die Verknüpfungen mit den Kunden, der Austausch mit Lieferanten und Partnern: All diese Verbindungen erzeugen ständig neues Wissen und neue Informationen, die neue Bilder formen und neue Lösungen produzieren.

Im Umkehrschluss bedeutet das: Je mehr Mitarbeiter Ihres Unternehmens ihr Wissen für sich behalten, desto weiter fällt Ihr Unternehmen in der Rangliste zurück. Dieses Wissen herauszukitzeln wird künftig die größte Herausforderung, die wichtigste Motivationsaufgabe der Führungskräfte sein.

Disruption: mehr als digital

Disruption. Den Ursprung dieses Schlagworts verortet man gern im Werkzeugkasten digitaler Plattformen. Disruption ist schließlich im heutigen Jargon in erster Linie das Produkt digitaler Denker. Demnach müsste der am meisten disruptiv denkende Mitarbeiter Ihres Unternehmens Ihr CIO sein, der Leiter der Abteilung Informationstechnik, wenn ich spontan übersetzen darf.

Disruption ist allerdings viel vernetzter: Disruptive Ideen entstehen, wenn Ihr Experte für Marktstrategien, Ihr Personalchef, Ihr Finanzvorstand und Ihre besten Entwickler die richtigen Leute um sich scharen und gemeinsam ihre Blickwinkel austauschen. Erst wenn jeder im Unternehmen denken und seine Gedanken ungestraft teilen darf, wird vorhandenes Potenzial auch tatsächlich ausgeschöpft.

Die stärkste Waffe im Kampf gegen Disruptoren sind die viel zitierten Markteintrittsbarrieren. Angreifer müssen schließlich in dieselbe Spitzentechnologie investieren, die auch die bestehenden Marktführer an die Spitze gebracht haben. Doch diese Logik ist nur ein Strohhalm für diejenigen, die hoffen, dass der Kelch an ihnen vorüberzieht. Disruptoren scheren sich nämlich nicht um Barrieren und alte Logiken. Sie finden Alternativen, die deutlich weniger kosten und deutlich leistungsfähiger sind. Hauptsache, der Fuß ist erst einmal in der Tür, die zum Markt führt. Regelbrecher lassen sich von alten Marktregeln nicht aufhalten. Sie definieren ihre eigenen.

Es ist Gott sei Dank nicht alles digital, was glänzt. Das wird es auch morgen nicht sein. Innovation setzt noch immer keine Programmierkenntnisse voraus, denn es gibt weitaus mehr Möglichkeiten, mit analogen Ideen und Konzepten Geld zu verdienen und Kunden zu begeistern, als Sie denken. Sie müssen nur selbst darauf kommen. Hier ein paar beeindruckende Beispiele, für die ich mit meiner Unternehmensberatung und meinem Netzwerk Vermarktungskonzepte gestalten durfte.

1. protectismundi: die Neuerfindung der »Feuerwaffe«

Waldbrände in Kalifornien, die Nationalparks zerstören und Metropolen bedrohen; Buschfeuer in Australien, die ganze Landstriche vernichten; Wald- und Torfbrände in Russland, die verheerende Ernteausfälle und viele Todesopfer zur Folge hatten: Jedes Jahr gleichen sich in den Nachrichten die Bilder von Brandkatastrophen rund um die Welt.

Hunderte von Brandherden, die immer wieder neu entflammen, unzugängliches Gelände und weit entfernte Wasserreservoirs erschweren die Löscharbeiten. Rauchwolken, die über Wohngebiete ziehen und möglicherweise giftige Stoffe transportieren, lassen sich nicht aufhalten. Feuerwehrmänner verlieren ihr Leben, und auch im Wald ist alles Leben erloschen. Die grüne Lunge wird jedes Mal ein Stück kleiner. Zurück bleiben verbrannte Erde, eine beschädigte Atmosphäre und die erhöhte Gefahr von Bodenerosion. Die Schäden für die Artenvielfalt, für das Ökosystem und den Rest der Umwelt lassen sich gar nicht beziffern. Aufforstung und Regeneration kosten viel Geld und noch mehr Zeit, nicht selten Jahrzehnte.

Allein in Portugal brannte es in den letzten zehn Jahren ungefähr 20.000 Mal pro Jahr. Eine unvorstellbare Zahl. Die Summe aller Brände verursacht einen gigantischen wirtschaftlichen Schaden, denn Holz ist wertvoll und wächst deutlich langsamer nach als Mais und Weizen. Bei allem Unglück sind die bedrohten Regionen in der Regel auch noch wasserarm: Löschwasser fehlt anschließend nicht nur in der Landwirtschaft, sondern auch in der Trinkwasserversorgung. Am Ende leiden alle, nicht nur die Versicherungen.

Waldbrände lassen sich in der Regel nicht verhindern, insbesondere wenn natürliche Ursachen wie zum Beispiel ein Blitzschlag oder Hitzeperioden die Auslöser sind. Aber die direkten Schäden und damit auch Folgeschäden lassen sich durchaus begrenzen. Mit diesem Problem, dieser Mammutaufgabe, hat sich die protectismundi GmbH aus Solingen auseinandergesetzt – und eine beeindruckende Lösung präsentiert: den Löschpanzer Marder.

Das Unternehmen entwaffnet den bewährten Schützenpanzer der Bundeswehr und rüstet ihn zum Lebensretter um. Mit an Bord: ein Hochdrucklöschsystem, das bis zu 7.500 Liter Wasser pro Tankfüllung mikrofein mit einem Druck von 200 Bar bis zu 100 Meter weit versprüht, und das im 360-Grad-Modus. Doch das ist längst noch nicht alles: Auf Knopfdruck kann das Wasser in Sekundenschnelle aus den Tanks abgelassen werden, um bis zu 20 Personen aufnehmen und sicher aus der Gefahrenzone transportieren zu können. Und last, but not least kann das System auch vorher nicht bekämpfbare Untergrundfeuer in Moorgebieten löschen, was die wertvollen Torfvorkommen erhält. Dazu werden vier bis sechs Meter lange

Löschlanzen in den Boden eingeführt, die den Sprühnebel dann in den Torfschichten verteilen. Ein cleveres Gesamtpaket, das derzeit weltweit vermarktet wird. Und wir sind stolz darauf, sagen zu dürfen: Der Löschpanzer Marder ist der erste Panzer, der Menschenleben rettet.

Bei dieser einzigartigen Idee fällt mir der Buchtitel eines Querdenkerbestsellers von Paul Arden ein: *Whatever you think, think the opposite.*

2. herotec: Boden und Wärme gehören zusammen

Die herotec GmbH im westfälischen Ahlen liefert Systemkomponenten für Flächenheizungen und -kühlungen. Die Produktpalette reicht dabei von der Dämmung bis zur Regeltechnik. Den viel zitierten Begriff »alles aus einer Hand« hat das Unternehmen wörtlich genommen und kurzerhand ein neues Berufsbild entwickelt: den Wärmebodentechniker.

Der Fachkräftemangel macht auch im Handwerk nicht halt. Qualität bleibt deshalb am Bau oftmals auf der Strecke. Häuslebauer wollen beim Projekt ihres Lebens aber keine Abstriche in Sachen Qualität in Kauf nehmen, denn Baumängel treiben die Kosten in der Regel zulasten des Bauherrn in die Höhe. Der hat noch ein anderes Grundbedürfnis: Geschwindigkeit, denn jeder Bauverzug kostet ebenfalls Zeit, Geld und Nerven.

Die Idee: herotec qualifiziert die Estrichleger in enger Zusammenarbeit mit dem TÜV Rheinland zu herotec-Wärmebodentechnikern. Sie sind damit zertifiziert und berechtigt, die Fußbodenheizung einzubauen und anzuschließen. Vorteil für den Bauherrn: ein Ansprechpartner weniger – und damit auch weniger Baustress. Vorteil für den Estrichleger: Mehrumsatz, Imagegewinn und Abgrenzung vom Wettbewerb. Vorteil für den Planer: alles aus einer Hand in deutlich kürzerer Zeit.

3. Zahnen Technik: reinstes Wasser zum Trinken

Die Zahnen Technik GmbH im rheinland-pfälzischen Arzfeld bietet Lösungen zur Optimierung und zum Neubau von Wasser- und Abwasseranlagen. Das Unternehmen ist außerdem Teil eines Expertennetzwerks, das sich dem Projekt »Wasser 3.0« verschrieben hat: Unter Federführung der Juniorprofessorin Dr. Katrin Schuhen vom Institut der Umweltwissenschaften der Universität Koblenz-Landau ist man auf der Suche nach dem perfekten Wasser.

Verbrauchtes Wasser, das wir dem Wasserkreislauf zuführen, wird gemäß der Trinkwasserverordnung aufbereitet und den Haushalten wieder zugeleitet. Doch längst nicht alle Schadstoffe sind mittels Filtration und nachgeschalteter biologischer Verfahren zu neutralisieren. Spuren von Medikamenten, die von Mensch und Tier ausgeschieden oder in der Toilette entsorgt werden, hinterlassen ebenso ihren Fußabdruck wie Mikroplastik, das zum Beispiel in Form von künstlichen Fasern, wie sie in moderner Kleidung zu finden sind, erst in der Waschmaschine und dann in der Kläranlage landet.

Ziel des Projekts ist es, Schadstoffe nicht zu filtern, sondern zu eliminieren. Mit diesem Schritt soll ein Beitrag zur flächendeckenden Versorgung der Weltbevölkerung mit sauberem Trinkwasser geleistet werden. Das Unternehmen Zahnen bringt bei diesem Projekt das Know-how ein, das für die technische Umsetzung dieser Verfahren benötigt wird. Engineering-Kompetenzen und neue Ansätze im Bereich Projektmanagement sorgen für maximale Wirtschaftlichkeit. Der Begriff »Pure Water« bekommt damit eine völlig neue Bedeutung. Und wir können die weltweite Nachfrage im Augenblick nur erahnen.

4. x-cellent technologies: Innovation in Software

In einer digitalen Welt ist besonders eine Branche zahlenmäßig stark vertreten: IT-Dienstleister. Die bieten Beratung und Service aus einer Hand. Doch wie kann man sich abheben, wenn alle das Gleiche anpreisen? Die x-cellent technologies GmbH aus München hat Geschäftsmodell und -konzept geändert, um Kunden deutliche Mehrwerte bieten zu können.

Die Geschäftsführer Ludwig Fensterer und Georg Baumgartner haben ein Paket geschnürt, das Unternehmen ganzheitlich betrachtet. Sie bieten vor der eigentlichen IT-Beratung eine umfassende Businessanalyse und ein professionelles Projektmanagement, damit die erarbeiteten Lösungen im IT-Bereich auch zukunftsfähig und ausbaubar sind. Risiken und Möglichkeiten werden vom hauseigenen Netzwerk aus Softwareingenieuren, Wirtschaftsinformatikern und DevOps-Experten ebenso identifiziert wie neue Vertriebskanäle, wobei im Interesse der Kunden die anvisierte Lösung immer auch die Kosten im Auge behält. Eingefahrene Prozesse und auch bewährte Strategien werden bewusst hinterfragt und Verbesserungspotenziale identifiziert.

5. Die GesundheitsStrategen: Prävention wird neu definiert

Betriebliches Gesundheitsmanagement, Vorsorge, gesünderes Arbeiten: Diese Schlagworte gibt es schon ziemlich lange. Und genauso alt ist das Verfahren, nach dem das alles funktioniert: das berühmte Gießkannenprinzip. Ralf Wuzel von den GesundheitsStrategen aus dem bayerischen Hof hat das Thema Prävention vom Mitarbeiter aus gedacht und eine neue Strategie entwickelt, die auf die individuellen Bedürfnisse des Einzelnen eingeht.

Pauschale Angebote wie der Obstkorb auf dem Empfangstresen oder das Aerobic nach Feierabend sind zwar gut gemeint, scheitern aber an den Denkprinzipien. Der Ansatz der GesundheitsStrategen ist ganzheitlich, und deshalb fließen nicht nur die betriebsärztlichen Untersuchungsergebnisse in die Beurteilung ein, sondern auch eine Analyse des persönlichen Umfelds: Position und Aufgabenbereich im Unternehmen, private Einflüsse auf die Gesundheit, Stresslevel, Motivationsbereitschaft, Gefährdungsanalysen für psychische Belastung. Es wird ein Gesundheitsprofil erstellt, das sämtliche Faktoren erfasst, die Einfluss auf die Leistungsfähigkeit haben.

Damit das alles funktioniert, sind die GesundheitsStrategen Teil eines Netzwerks, einer Allianz von Gesundheitsexperten aus Medizin, Politik und Industrie. Schließlich gilt auch hier mein Grundsatz »Keiner gewinnt allein«. Das neue Denken dieser Allianz beruht auf zwei Pfeilern. Zum einen gehört die Verantwortung für die eigene Gesundheit in die eigenen Hände. Zum anderen gilt es, im Unternehmen erzeugte Stressauslöser und Gesundheitsrisiken zu erkennen und zu eliminieren, denn das ist in den Augen von Ralf Wuzel die einzig richtige Form von Fehlerkultur.

Wenn der Einzelne von Experten wie zum Beispiel Therapeuten und Coaches an die Hand genommen wird, wird dies als besondere Form der Wertschätzung durch das Unternehmen wahrgenommen. Ganz nebenbei wird also ein wertvoller Beitrag zur Mitarbeiterbindung geleistet.

6. CONFORM Badmöbel: Handwerker werden Netzwerker

In Zeiten von Internet und Smartphone sind wir es gewohnt, jede Information auf Abruf zu erhalten. Sofort ist noch zu langsam. Das Tiroler Unternehmen CONFORM Badmöbel hat dieses Kundendenken zur Basis seines neuen Geschäftsmodells erkoren. Wer schon einmal sein Bad renoviert hat, kann die Denkstrukturen der Kunden nachvollziehen: Ein oder auch gern zwei Jahre lang besucht man Bad- und Sanitärausstellungen und plant sein neues Traumbad akribisch – und will dann nach Unterschrift in kürzester Zeit das fertige Ergebnis präsentiert bekommen. Möglichst sofort, passgenau und in Perfektion ausgeführt. Doch ab dann ticken die Uhren plötzlich deutlich langsamer, denn das eingefahrene System lässt hohe Geschwindigkeiten nicht zu. Die Gründe liegen in der Vielzahl der Dienstleister und den immer wieder gleichen Abstimmungsproblemen.

CONFORM-Geschäftsführer Herbert Schwingenschuh hat erkannt, dass Kunden nicht mehr im Produktdenken verhaftet sind, sondern vom Lieferanten Lösungsdenken fordern. Lieferanten sind aus Sicht des Kunden übrigens alle an der Umsetzung des Projekts Beteiligten: Badmöbelhersteller, Großhändler, Planer, Installateur, Fliesenleger, Elektriker und so weiter.

Herbert Schwingenschuh hat ein Partnernetzwerk ins Leben gerufen, das sich allein auf die Kundenwünsche fokussiert. So werden Angebote innerhalb von 24 Stunden erstellt; CONFORM garantiert die Lieferung der fertigen Badmöbel innerhalb von nur neun Werktagen nach verbindlicher Bestellung. Jeder Schritt wird optimiert und bietet damit allen nachfolgenden Schritten und Gewerken optimale Vorbedingungen. Genauso einzigartig wie das Konzept ist das Design: 2018 ging der German Design Award in dieser Kategorie an das Tiroler Unternehmen.

7. KW Real Estate: Immobilien, die es gar nicht gibt

Nach dem Studium der Betriebswirtschaftslehre an der Universität Hamburg mit Abschluss zum Diplom-Kaufmann war Konstantin Wettig über zwei Jahrzehnte auf dem Immobilienmarkt im Großraum

München als Gesellschafter und Franchisenehmer von Engel & Völkers tätig. Ende 2014 verkaufte er seine Anteile an einen Private-Equity-Investor und ist seitdem unter eigener Marke (KW Real Estate) als Immobilienscout erfolgreich. Auf einem der schwierigsten Immobilienmärkte Europas kennt er sich bestens aus; zudem hat er über ein gewachsenes Expertennetzwerk Zugriff auf Informationen, die wichtige Zeitvorsprünge generieren.

Sie suchen ein Grundstück für ein gewerbliches Immobilieninvestment? Sie müssen ein Städtebauprojekt von Grund auf planen? Konstantin Wettig hat Zugriff auf Immobilien, die momentan auf dem Markt gar nicht verfügbar sind, und bringt erfolgreich zusammen, was zusammengehört: Investoren, Projektentwickler, Bauträger, Architekten, Städteplaner. Mit strategischem Geschick, feinem Gespür für das richtige Timing der Umsetzung und dem geschulten Auge für die lukrative Investmentchance stellt er sein Know-how allen Beteiligten zur Verfügung, um das Gesamtprojekt zum Erfolg zu führen. Sein interessantes Credo im Projektentwicklungsbereich lautet: »Warum bessere Lagen suchen, wenn man diese auch selbst erschaffen kann?«

Der kreative Ansatz dieser Strategie kann völlig neue Impulse in der Branche setzen. Jeder, der sich für Immobilien interessiert – und das sind in turbulenten Zeiten wie diesen sehr viele –, kann von dieser Kreativität profitieren. »Lage, Lage, Lage« war bisher immer das alleinige Argument in der Branche. Jetzt kann Konstantin Wettig beweisen, dass »Timing, Timing, Timing« weitaus höheres Potenzial besitzt.

Was zeigen uns all diese Beispiele? Zum einen, dass nicht jede Innovation disruptiv wirken muss, um zukunftsfähig zu sein; zum anderen, dass neues Denken und Lernbereitschaft zusammengehören: Obwohl alle beschriebenen Unternehmen beziehungsweise die dahinterstehenden Unternehmer bereits Jahrzehnte auf ihren Märkten aktiv sind, haben sie irgendwann gelernt, wie Start-ups zu denken und zu handeln. Es braucht kein großes Unternehmen, um etwas zu bewegen. Und es braucht auch nicht viele, sondern die richtigen Mitarbeiter, um Innovationen zu generieren, die auch weiterhin abseits der digitalen Welt entstehen.

Die Essenz ist klar: Wer auf Netzwerk statt auf Hierarchie setzt, setzt auf Zukunft. Und wer Bedarfe und Bedürfnisse von Kunden optimal identifiziert und diese Erkenntnisse in möglichst kurzer Zeit bedient, bleibt im Kopf dauerhaft als innovationsfreudiger Kompetenzträger haften. In schnellen Zeiten wie diesen eine durchaus beeindruckende Leistung.

Wer Erfolg hat und zukünftig mehr Erfolg will, muss auf die Anforderungen der Kunden so intensiv eingehen, wie es bisher noch nie erforderlich war. Das Zauberwort lautet Empathie. Wenn Sie aufmerksam zuhören, erfahren Sie Dinge, Sorgen und Nöte, die Sie verblüffen. Erst wenn Service keine Abteilung mehr ist, sondern eine Unternehmensphilosophie, haben Sie aus Kundensicht Ihr Soll erfüllt. Meine Clienting-Strategie hat es immer wieder bewiesen: Wer Erster im Kopf des Kunden werden will, muss lernen, im Kopf des Kunden spazieren zu gehen.

Erfolg: das bessere Geschäftsmodell

Warum kompliziert, wenn es auch einfach geht? Einfach nur das machen, was den Kunden glücklich macht: Diese simple Logik sorgt fast schon im Alleingang für Erfolg. Wer seine Leistungsfähigkeit verbessert, indem er mit Prozessbeteiligten Netzwerke aufbaut und in Lösungen denkt, trifft den Nerv der Kunden, die immer mehr den bedingungslosen Service und die kostenlose Problemlösung fordern. Dann entscheiden aus Kundensicht unterm Strich auch nicht mehr der Preis, sondern der Zeitvorteil und das vermittelte

Qualitätsempfinden. Wenn es Unternehmen gelingt, sich aus der Vergleichbarkeit und der Austauschbarkeit des Wettbewerbs zu lösen, können nicht nur bessere und dauerhaftere Beziehungen zum Kunden aufgebaut, sondern in der Folge auch deutlich höhere Umsätze generiert werden.

Kostenloser Service kostet Geld, und diese Kosten wollen natürlich aufgefangen werden. Das lässt sich nicht zu 100 Prozent auf den Preis abwälzen, den der Kunde an der Kasse bezahlen soll. Der ist immer bereit, für höhere Leistung und höhere Qualität ein bisschen mehr zu bezahlen. Es gibt jedoch Kunden, die müssen billig kaufen. Alle anderen haben die Wahl.

Aber auch die merken ziemlich schnell, wenn man ihnen über den Preis eine Mogelpackung unterjubelt. Dafür gewinnt man bestenfalls die goldene Ananas der Verbraucherzentrale. Weniger Inhalt statt Preiserhöhung: Diese Sparmaßnahme auf Kosten des Verbrauchers macht Kunden langfristig wütend. Einsparungen sollte man besser intern generieren, auch wenn man glaubt, sämtliche Abläufe bereits optimiert zu haben.

Besser geht nämlich immer: effizientere Produktionsmethoden zum Beispiel. Oder kürzere Lieferwege und -zeiten. Reduzierung der Lagerhaltungskosten. Brauchen Sie überhaupt ein Lager? Man könnte auch Lieferanten mal auf den Prüfstand stellen: Wer liefert seit Jahren zu Konditionen, die man einem neuen Lieferanten niemals einräumen würde? Wer davon ist schon mehrfach wegen Qualitätsmängeln angezählt worden? Neue Dienstleister und Lieferanten stehen überall in den Startblöcken. Werfen Sie einen entschlossenen Blick in Ihre Produktpalette: Unterwerfe ich ein oder mehrere Produkte schon seit längerer Zeit einem Preisdumping? Könnte ich die dafür erforderlichen Produktionskapazitäten nicht besser für andere Produkte nutzen?

Wo kann man noch sparen? Bei den Mitarbeitern natürlich. Nicht durch Entlassungen oder Lohnkürzungen, sondern durch Reduzierung der Krankenkosten – Stichwort »Prävention« – und Vermeidung von Fehleinstellungen. Braucht wirklich jeder zweite Mitarbeiter einen Firmenwagen? Brauche ich überhaupt neue Mitarbeiter, oder lässt sich die eine oder andere Aufgabe nicht besser und günstiger durch einen Freelancer erledigen? Einen Freelancer, der früher einmal zum Unternehmen gehörte, intern einen exzellenten Ruf genießt und bestens mit den Abläufen vertraut ist? Und wie sieht eigentlich unsere Energiebilanz aus? Was lässt sich diesbezüglich modernisieren, um schon mittelfristig Kosten senken zu können?

Viel einsparen lässt sich auch durch Reduzierung der Retourquoten. Das funktioniert hervorragend durch Optimierung der Qualitätskontrollen. Anschließend können Sie noch in die Bücher schauen und die Außenstände begutachten: Welche Kunden zahlen immer mit Verzug? Dürfen die das? Und wie sehen eigentlich unsere eigenen Budgets aus? Müssen die so hoch sein? Können wir nicht mit einer Messe weniger pro Jahr ebenfalls erfolgreich sein?

Zum Schluss können Sie gern noch Ihr Vorschlagswesen unter die Lupe nehmen: Wie viele Vorschläge kommen pro Jahr? Wenn es wenige sind: Woran könnte das liegen? Und wie viele Vorschläge sind so gut, dass sie auch tatsächlich im laufenden Geschäftsbetrieb umgesetzt werden?

Sie sehen: Effizienz und Sensibilität für die wahren Kundenwünsche und Vorstellungen sind die halbe Miete einer positiven Bilanz. Allerdings sollte man sich auf Spurensuche begeben, bevor einen die wirtschaftlichen Umstände dazu zwingen. Wer sich optimal auf die Zukunft vorbereiten möchte, sollte sich nicht nur neue Umsatzfelder suchen, sondern auch die alten Geschäftspraktiken kritisch beleuchten. Doch wo immer man auch sparen möchte: Der Bereich Kundenservice sollte eher ausgebaut werden.

Disruption: das neue Erfolgsmodell

Alle lieben den Wandel. Solange er die anderen betrifft. Mit Disruption halten wir es ähnlich: machen, aber bitte nicht machen lassen. Die Definition von Disruption klingt einfach: Wer den Standard ersetzt, hat die besten Chancen, zum neuen Marktführer zu werden. Natürlich insbesondere dann, wenn es diesen Markt vorher noch gar nicht gegeben hat. Aber so einfach ist es nicht. Deshalb werden auch gern immer dieselben Opfer disruptiver Technologien genannt: Kodak, Quelle, Nokia.

Allerdings sollte bei dieser Einschränkung berücksichtigt werden, dass die Technologien für höhere Opferzahlen bereits entwickelt sind. Was jetzt noch fehlt, sind die Ideen, diese Technologien auch an den richtigen Schnittstellen einzusetzen. Das Gesetz der Innovation ist so alt wie die Markwirtschaft: Wer das Alte verwaltet, entwickelt nur eine begrenzte Form der Energie. Wer das Neue wagt, wer ein Risiko eingeht, ist konzentrierter, motivierter und kreativer. Neues wird nur von Grenzgängern entwickelt.

Auf der Bühne frage ich immer gern: »Von zehn Leuten haben wie viele Angst vor Veränderung?« Die meisten sagen: acht oder neun. Meine Antwort lautet dann immer: »Letzte Woche sagte einer: elf.« Eine Untersuchung bestätigt, dass 84 Prozent der Menschen Angst vor Veränderung haben. Genau deshalb brauchen wir Regelbrecher, die Spaß daran haben, neue Wege zu gehen. Wenn ich meine Erfahrungen auf den Punkt bringe, dann ist das der häufigste Grund, weshalb die meisten Strategien scheitern: Es fehlen die Querdenker und Regelbrecher. Die Macher. Die Menschen, die wirklich bereit sind, neue Wege zu gehen, und auch akzeptiert werden, wenn sie Fehler machen.

Einen beeindruckenden Satz habe ich in diesem Zusammenhang von dem Schweizer Psychiater Bertrand Piccard gehört, der mit waghalsigen Abenteuern Schlagzeilen macht, was allerdings erblich bedingt ist: Sein Großvater, Auguste Piccard, stieg 1932 mit einem Heißluftballon 16.940 Meter hoch in die Stratosphäre; seinen Vater, Jacques Piccard, zog es in die entgegengesetzte Richtung: Er wagte sich im Marianengraben mit einem U-Boot in eine Tiefe von 10.916 Metern. Bertrand Piccard selbst gelangen gleich zwei Weltrekorde: Er war mit seinen Mitstreitern der erste Mensch, der die Welt in einem Heißluftballon und in einem Solarflugzeug umrundete. Auf die Frage nach seinen Motiven für die waghalsigen Unternehmungen antwortete er: »Ich hatte genug von Gewissheiten.«

Verabschieden auch Sie sich von Gewissheiten, wenn Sie auf schöpferische Zerstörung setzen, denn der Ausgang eines solchen Versuchs ist mehr als ungewiss. Disruption und Innovation können gleichermaßen Märkte umkrempeln, und diese Bedrohung muss dafür sorgen, dass jeder im Unternehmen anderes Denken zulässt. Hier ein paar lose Gedanken zum Thema Disruption, die Sie in Ihrem Unternehmen gern berücksichtigen können, um Ihr Geschäftsmodell in ein Erfolgsmodell zu transferieren oder zu konvertieren:

Welchen Wert und welchen Wahrheitsgehalt kann eine zu Beruhigungszwecken gern ausgesprochene Jobgarantie im Zeitalter drohender Disruptionen überhaupt noch haben?

Die zerstörerische Eigenschaft der Disruption ist nicht primär in der neuen Technologie begründet, sondern vielmehr in ihrer Unvorhersehbarkeit. Ob sie auch mit Unaufhaltsamkeit glänzen kann, hängt von Ihrer spontanen Reaktion ab.

Blicken Sie zurück: Wie ist es Ihnen in der Vergangenheit gelungen, mit Zwängen, Behinderungen und Beschränkungen von außen umzugehen? Besitzen Sie also erfahrungsgemäß das Rüstzeug, dem Druck von außen etwas entgegenzusetzen? Sind Sie in der Lage, der Leidenschaft eines Angreifers den Wind aus den Segeln zu nehmen?

Erlaubt Ihnen Ihr Stolz, die Notwendigkeit zu erkennen, mit Disruptoren eine Allianz einzugehen, um langfristig überleben zu können? Antworten Sie nur mit einem überzeugten Nein, wenn der Verteidigungsplan in Ihrer Schublade auch für den Angriffsmodus geeignet ist.

Können Sie Wachstum erzeugen und Schwächung vermeiden, indem Sie auf einen Nebenschauplatz ausweichen? Können Sie einen anderen Markt betreten, der ein deutlich geringeres Investitionsvolumen erforderlich macht als ein Kampf gegen neue Technologien auf dem bisherigen Markt? Man muss auch mal Neues wagen: Nokia hat in analogen Zeiten noch Toilettenpapier, Gummistiefel und Reifen hergestellt. Und Wrigley's produzierte früher Backpulver, dem man irgendwann zwei Kaugummistreifen beifügte, um den Umsatz anzukurbeln. Als das Backpulver nur wegen der Kaugummis gekauft wurde, entschloss sich Wrigley's zum Seitenwechsel.

Disruptoren suchen nicht nach offenen Türen, um Ihren Markt betreten zu können – sie bauen sich selbst eine. Suchen Sie Ihren Markt nach Schwachstellen ab, die sich für einen solchen Zugang eignen.

Während klassische Strategien danach streben, Zwänge zu bekämpfen oder zu umgehen, sehen Start-ups in Zwängen ein kreatives Instrument. Sie nutzen Hindernisse, um neue Lösungen zu finden, die ihnen künftig helfen, ähnlich gelagerte Probleme zu meistern. Während Sie versuchen, schnellstmöglich wieder auf den vordefinierten Weg zu gelangen, nehmen Start-ups Umwege in Kauf und sind zudem bereit, völlig neue Richtungen einzuschlagen. Sie sind sogar darauf eingestellt, das ursprünglich angestrebte Geschäftsmodell über Bord zu werfen.

Ob Sie angreifbar sind, entscheiden zwei Faktoren: Ihr Wissen und Ihre Verbindungen. Wenn Sie Ihre eigenen Schwächen nicht kennen oder wenn Sie die Eintrittsbarrieren Ihres Marktes falsch einschätzen, sind Sie verloren. Markteintrittsbarrieren sind Wettbewerbsvorteile, können aber auch zu Nachteilen mutieren, wenn sie gleichzeitig Marktaustrittsbarrieren sind. Wenn Ihr Wissen Relevanz vermissen lässt und keine Lösung generieren kann, müssen Sie auf Plan B ausweichen: Ihre Verbindungen. Wer kann Ihnen zur Seite stehen? Welcher Ihrer Netzwerkpartner verfügt über notwendiges Know-how, um bei Ihnen klaffende Wissenslücken zu füllen? Wer verfügt über weitere Verbindungen, die nützlich sein könnten? Netzwerke sind wenig wert, wenn sie einem Angriff auf einen einzelnen Knotenpunkt nichts entgegenzusetzen haben.

Disruption und Innovation gehen niemals von Technologien aus. Sie entstehen immer in den Köpfen der Menschen, die diese Technologien erdenken oder einfach nur nutzen. Kann das geballte Denkvermögen Ihres Unternehmens Technologien oder Konzepte entwickeln, die Ihre Kunden davon abhalten, der neuen Verlockung zu widerstehen?

Veränderung im Kundenverhalten ist immer eine logische Konsequenz psychischer Vorgaben. Kunden kämpfen mit Ängsten, Bedürfnissen und Konfrontationen. Sie suchen Hilfe. Können Sie helfen? Können Sie schnell helfen? Neue Technologien, deren Problemlösungskompetenz offensichtlich ist, saugen Ihnen Tag für Tag Kunden ab, denn das einzige lebensverlängernde Argument, das Ihnen dann noch bleibt, ist die radikale Preisreduzierung. Aber damit zögern Sie das Ende nur hinaus.

Tunnelblick kann keine Innovationen erzeugen; das kann nur der Blick auf das große Ganze und darüber hinaus. Welcher Ihrer Partner ist in der Lage, mit neutralem Blick mit Ihnen eine zukunftsfähige Strategie zu erarbeiten, die auch noch rechtzeitig greifen kann?

Erfolgsmodelle – mit und ohne Netzwerkcharakter

»Das Geheimnis der Kreativität ist zu wissen, wie man seine Quellen versteckt«, hat Einstein einst zugegeben. Um Geschäftsmodelle erfolgreicher zu machen, ist Kopie keine Schande, sondern erste Wahl, denn die Möglichkeiten, woanders funktionierende Prozesse auch in sein eigenes Geschäftsmodell zu implementieren, sind deutlich breiter gestreut als geniale neue Ideen. Hätte die 16-jährige Ulrike Meyfarth 1972 in München nicht den vier Jahre zuvor vorgestellten Fosbury-Flop kopiert, wäre sie vielleicht nicht die jüngste Olympiasiegerin aller Zeiten im Hochsprung geworden.

Ein anderes lukratives Geschäftsmodell basiert auf dem Gedanken, die Welt besser zu machen. Start-ups, die Apps entwickeln, welche in unterentwickelten Regionen die Armut bekämpfen oder Probleme im Umweltbereich lösen, könnten in den nächsten Jahren exponentiell wachsen.

Hier ein paar Beispiele aus diesen Kategorien:

- Der Kölner Circus Roncalli hat schon vor 30 Jahren auf Elefanten, Löwen, Tiger und Bären verzichtet. Seit 2018 gibt es auf Geheiß von Direktor Bernhard Paul auch keine Pferde und Hunde mehr in der Manege. Damit kopiert das Unternehmen erfolgreich wesentliche Ansätze des Konzepts des kanadischen Cirque du Soleil und setzt noch stärker als bisher auf das Element der Poesie. Warum das Konzept funktioniert? Weil das Publikum – sprich: der Kunde – sich weiterentwickelt hat. Artgerechte Haltung hat heute einen deutlich höheren Stellenwert als Sensationsgier, auch wenn das an der Fleischtheke im Supermarkt eher nicht den Anschein hat. Die Entscheider über Kauf oder Nichtkauf von Tickets sind nach wie vor die Eltern, die aber heute anders denken. Eltern suchen in der Unterhaltung mehr und mehr nach Lerneffekten. Früher hat das Publikum insgeheim gehofft, dass die Löwen und Tiger rebellieren, und die Zirkusse haben diese Gier bedient, um die Ränge zu füllen. Das neue Konzept ist also für die Zuschauer, den Zirkus und die Tiere ein echter Gewinn.

- Das Berliner Start-up PEAT hat eine App entwickelt, die künstliche Intelligenz und Bilderkennungssoftware nutzt, um Ernten zu retten. Mit »Plantix« auf dem Android-Smartphone kann man Fotos von infizierten Nutzpflanzen schießen, die dann auf die Plattform hochgeladen werden. Die Algorithmen durchforsten die Datenbank und finden heraus, welche Krankheit oder welcher Schädling für den Schaden verantwortlich ist. Auf der Basis der gestellten Diagnosen werden dann Behandlungsmethoden empfohlen; im Zweifelsfall kann zusätzlich die Community um Rat gebeten werden. Die App, die künftig Ernteausfälle in einer Größenordnung von 15 bis 30 Prozent verhindern kann, ist kostenlos. Geld möchte das Unternehmen lieber mit den gewonnenen Daten verdienen, die für Ernteausfallversicherungen und Saatguthersteller interessant sein könnten. Die Idee wurde 2017 mit dem CEBIT Innovation Award ausgezeichnet.

- Farmer in Indien hatten bisher ein großes Problem: Wenn die Ernte nicht rechtzeitig verkauft wurde, musste sie entsorgt werden. Der Verkaufsprozess war aus Produzentensicht bisher eher unfair, denn die Ernte wurde auf dem heimischen Markt nicht direkt verkauft, sondern versteigert. Der Händler, der versteigerte, kassierte einen Teil des Erlöses. Der Preis war Glückssache, denn er war abhängig von der Zahl der gerade anwesenden Bieter. Wurde die Ernte gar auf einem Markt 50 oder 100 Kilometer entfernt verkauft, kamen ein oder sogar zwei weitere Zwischenhändler dazu, die ebenfalls ein Stück von der Marge forderten. Mit dem Kisan-Netzwerk hat das ein Ende: Die Smartphone-App bietet einen Onlinemarktplatz, auf dem Verkäufer und Käufer direkt miteinander kommunizieren und verhandeln. Die Mittler werden nicht mehr gebraucht. Das bedeutet unterm Strich: Verkäufer erhalten einen deutlich höheren Preis als bisher, und Käufer müssen spürbar weniger bezahlen.

- Zara ist mit über 150.000 Mitarbeitern das drittgrößte Textilunternehmen der Welt. Das Erfolgsgeheimnis: Während andere Modefirmen vom Entwurf bis zum Verkauf sechs bis acht Monate benötigen, gelingt das den 200 Designern und dem Rest der Wertschöpfungskette des spanischen Riesen in einer knappen Woche. So kann sehr rasch auf sich abzeichnende Designtrends reagiert werden. Zweimal pro Woche erhalten die Filialen neue Ware, die testweise verkauft wird. Auf Ablehnung und Akzeptanz wird dann äußerst schnell reagiert. Teile dieses erfolgreichen Geschäftsmodells kopierte der 2012 gegründete Londoner Möbelhersteller Swoon Editions. Die Gründer Debbie Williamson und Brian Harison wollten handgefertigte Designermöbel zu einem erschwinglichen Preis anbieten. Sie setzten kurzerhand zum einen auf einen reinen Onlinehandel und zum anderen auf sehr kleine Stückzahlen: Jeden Tag listet die Webseite neue Möbelstücke, um die Akzeptanz zu testen. Erst wenn die Bestellquote einen bestimmten Wert übersteigt, werden größere Mengen nachgeordert. Weil Shops, Lager und Zwischenhändler im Geschäftsmodell nicht vorgesehen sind, können die Möbelstücke zu den anvisierten niedrigen Preisen angeboten werden.

- Manchmal scheitert das Original, weil es seiner Zeit voraus ist oder von der Kopie verdrängt wird. Eugen Block, der 1968 die auf saftige Steaks spezialisierte Block-House-Restaurantkette (europaweit 50 Restaurants, 1.800 Mitarbeiter) und 1985 das Hamburger Fünfsternehotel Grand Elysée gegründet hatte, investierte Ende der Achtzigerjahre in eine Fluggesellschaft, um der Lufthansa mit günstigen Preisen Konkurrenz zu machen. Nach vielen Jahren in den roten Zahlen scheiterte Hamburg Airlines endgültig im Dezember 1997. Heute sagt Eugen Block: »Es tut mir heute noch weh, wenn ich sehe, wie andere Günstig-Airlines am Hamburger

Himmel kreisen.« Die 1985 gegründete Ryanair setzte seit 1993 auf das von Southwest Airlines kopierte Billigpreismodell. Heute ist Ryanair – gemessen an den Passagierzahlen – die größte Airline Europas.

- Patagonia, Inc. aus Kalifornien produziert seit 1973 Outdoorbekleidung. Unternehmensgründer Yvon Chouinard ist zudem Mitgründer der Organisation »One Percent for the Planet«: Deren zurzeit 1.200 Mitglieder spenden jährlich 1 Prozent des Umsatzes an Umweltorganisationen. 175 Millionen Dollar sind seit 2002 für den guten Zweck gesammelt worden. 2011 änderte Yvon Chouinard das Geschäftsmodell von Patagonia: Er schaltete eine ganzseitige Anzeige in der New York Times mit der Headline »Don't buy this jacket«. Die Anzeige warb dafür, nur das zu kaufen, was auch unbedingt nötig ist. Ab sofort wurde getragene Kleidung zudem repariert, recycelt und wiederverwendet, gern auch an Bedürftige weitergegeben. 2015 schickte Chouinard sogar einen Werkstattwagen auf die Straße, der im ganzen Land gebrauchte Kleidung kostenlos reparierte, um sie länger nutzbar zu machen. Dass die Umsätze seitdem kontinuierlich gestiegen sind, war ein willkommener Nebeneffekt.

Kopie als Geschäftsmodell

China gilt als Raubkopierer Nummer eins. Was immer sich gut verkaufen lässt, wird gefälscht: Mode, Uhren und Schmuck, Spielzeug. Produktpiraterie scheint dort Volkssport zu sein. Doch längst haben die Chinesen auch die wirklich lukrativen Produkte aufgespürt, und die stammen aus den Entwicklungsabteilungen deutscher Maschinen- und Anlagenbauer. Neben Motoren, Sensoren und Messinstrumenten werden auf der Handelsplattform Alibaba auch komplette Baugruppen von Maschinen feilgeboten.

Wir wissen aber auch: China ändert sein Geschäftsmodell und rüstet auf, um selbst kreativ tätig zu werden. Der Westen ist jetzt schon aufgefordert, der geballten Macht von 1,4 Milliarden motivierten Chinesen Paroli zu bieten. Wenn noch mehr Dörfer in Millionenstädte umgewandelt werden und noch mehr Unternehmen wie Baidu, Alibaba und Tencent dort entstehen, wird ein sich bereits jetzt abzeichnender Wandel mit deutlich höherer Geschwindigkeit vollzogen, als wir verkraften können. Dann produzieren die Fabriken nämlich nicht mehr für den Westen, sondern für den eigenen Markt: Aus »Made in China« wird »Invented in China«. Hier zwei beeindruckende Beispiele für chinesische Geschwindigkeit und Größe:

- Die Fahrradsharing-Plattform Mobike wurde 2015 gegründet und ist mittlerweile die größte Fahrradplattform der Welt. Der Marktwert liegt derzeit bei rund 3 Milliarden US-Dollar. Pfiffig: Die Räder werden manuell gesichert, aber über das Internet entsichert. Ein ausgeklügeltes Bonuspunktesystem erzieht die Nutzer ganz nebenbei zum gesetzeskonformen Fahren und Parken.

- BYD Co. Ltd. (Build your dreams) ist ein Hersteller von Batterien und batteriebasierten Kraftwerken. Die Autosparte BYD Auto zählt zu den innovativsten Unternehmen im Bereich der Elektromobilität. 2014 konnte sich das Modell BYD e6 im Wettbewerb gegen Renault und Nissan durchsetzen und stellt seitdem in Brüssel 34 Fahrzeuge der dortigen Taxiflotte. Im asiatischen Raum und in Metropolen wie London sind die hauseigenen Fahrzeuge schon länger auf den Straßen, um die Luftqualität zu verbessern. Mit einer Reichweite von 400 Kilometern und einer Ladezeit von zwei Stunden muss sich der Hersteller nicht hinter Tesla verstecken. BYD beschäftigt bereits heute über 180.000 Mitarbeiter.

Die chinesische Regierung investiert mittlerweile Unsummen in Forschung, Entwicklung und Bildung: Zehn Universitäten des Landes erhalten seit einigen Jahren so viel Geld, dass sie in die Weltelite aufsteigen können, in eine Liga, in der bisher die Hochschulen der alten Welt das Maß aller Dinge waren. Deren altehrwürdige Unantastbarkeit bröckelt, denn mit Lorbeeren und Jahresringen allein lassen sich heute in keiner Branche mehr nennenswerte Erfolge erzielen.

China belegte 1949 in der Liste der ärmsten Länder der Erde Platz 11. Heute steht es auf der Liste der Wirtschaftsmächte von 189 Ländern an Nummer 81. Auch wenn China bereits jetzt wie ein Gigant wirkt: Es ist noch viel Luft nach oben, und die Ziele für die nahe Zukunft sind durchaus ambitioniert. 2016 hatte das Land allein im ersten Halbjahr für über 10 Milliarden Dollar deutsche Weltmarktführer aufgekauft. Im August 2016 folgte die Übernahme des Industrieroboterherstellers KUKA AG durch den chinesischen Elektrogerätehersteller Midea, der jetzt 94,5 Prozent der KUKA-Aktien besitzt. Ebenfalls seit 2016 in chinesischem Besitz ist der Spritzgießmaschinenhersteller KraussMaffei. Besonders beliebt sind seit einiger Zeit unsere »Hidden Champions«, die eher unbekannten mittelständischen Unternehmen, die in Nischen Weltmarktführer sind.

China ist nach wie vor in Kauflaune. Umgekehrt ist es ausländischen Unternehmen verboten, chinesische Firmen zu kaufen. Hier besteht nach wie vor Joint-Venture-Zwang. Ein geschickter Schachzug, der bei uns kaum nennenswerten Widerstand weckt – insbesondere wenn man bedenkt, dass die westlichen Wirtschaftsriesen sich zurzeit gegenseitig wieder mit schmerzhaften Importzöllen bedrohen.

Ich bin stolz darauf, Gründungsmitglied des FDCZ zu sein, des Fördervereins für deutsch-chinesische Zusammenarbeit in Wirtschaftsfragen, Kultur und Politik. Hier geht es um einen engen Austausch mit dem Ziel, wirtschaftlich und kulturell noch enger zu kooperieren. Dabei sollen deutsche und chinesische Unternehmen die Gelegenheit erhalten, ihre Lösungen dem jeweils anderen Markt näherzubringen.

»Traditionsunternehmen« ist kein Geschäftsmodell

Auch wenn wir gerade in Zeiten des digitalen Wandels viel über Traditionsunternehmen lesen und hören: Die meisten Unternehmen haben eine überschaubare Lebenserwartung. Bereits 2006 belegte eine umfangreiche amerikanische Studie an 6 Millionen Unternehmen, dass nur knapp 1 Prozent älter als 40 Jahre ist. Und 2008 fand man heraus, dass lediglich 13 Prozent der Unternehmen langfristig gesehen kontinuierlich wachsen können.

In den letzten zehn Jahren haben sich selbst diese Zahlen angesichts der turbulenten Entwicklungen auf den hoch kompetitiven Märkten dramatisch verändert. Unternehmen nahezu aller Branchen haben ein großes Problem damit, auf schnelle Marktveränderungen zu reagieren oder diese überhaupt rechtzeitig zu erkennen. Man versucht verzweifelt, das Neue als Modeerscheinung anzusehen und gegenüber den eigenen Produkten und Dienstleistungen abzuwerten. Man geht den einfachen Weg und versucht, in geduckter Haltung die Marktveränderungen auszusitzen.

Das eigene Wirtschaftsmodell wird plötzlich zum Sargnagel: Statt finanzielle Mittel und andere Ressourcen bereitzustellen, die es ermöglichen, auf den neuen Zug aufzuspringen, versucht man verzweifelt, Kapital zu halten, um den Aktionären das nächste Quartal zu verschönern. Das klingt zwar unvernünftig, folgt aber einer gewissen Logik, lassen sich die Entscheider in den Unternehmen doch allein am Börsenwert ihres Verantwortungsbereichs messen. Zeit, dieses Geschäftsmodell auf den Prüfstand zu stellen, wenn Erfolg und Wachstum sich auch künftig in der Gewinn-und-Verlust-Rechnung widerspiegeln sollen.

Das magische Schlagwort für langfristigen Erfolg lautet »Innovationsfähigkeit«. Auf der Liste der innovationsfähigsten Länder der Welt belegt Deutschland heute Platz 18 – und liegt damit nur zwei

Plätze vor Chile. Der Grund liegt auf der Hand: Neben China haben natürlich auch andere Länder, die bisher für den Westen billig produziert haben, erkannt, dass der Gewinn nicht in der Lohnarbeit, sondern im Know-how liegt.

Hohe Innovationsfähigkeit beschert bestehenden, aber auch neuen Unternehmen Möglichkeiten, Märkte zu erobern oder sogar neue Märkte zu generieren. Doch wie viele Unternehmen leisten sich tatsächlich Abteilungen oder Institutionen, die eigene und fremde Märkte beobachten, um solche Gelegenheiten zu identifizieren?

IBM hatte im Jahr 1999 eine Initiative ins Leben gerufen: Man sammelte Ideen, die ins hauseigene Konzept passten, bewertete diese unter dem Gesichtspunkt der Marktchancen und investierte dann konsequent in eine Handvoll dieser Ideen. Das Ergebnis ist mehr als beeindruckend: Bereits 2005 lag der Anteil der daraus entstandenen Gewinne am Gesamtumsatz bei beachtlichen 24 Prozent. Ab wann kopieren *Sie* dieses Erfolgsmodell?

Kapitel 7: Das Ende der Vorhersagen

Der Wandel im Wandel

Vorhersehbarkeit hat bis heute nicht einmal die Hersteller von Glaskugeln reich gemacht. Im Gegenteil: Bis auf die selbst ernannten Hellseher haben alle ständig nur eingezahlt. Denn die Form der Interpretation ist an Ineffizienz nicht zu überbieten, zumindest wenn man die heutigen Maßstäbe von Effizienz ansetzt.

Ein Beispiel: Die Einschaltquoten des Fernsehens werden bei uns bis heute nach einem repräsentativen Teleskopieverfahren ermittelt. 5.000 Haushalte verfügen über ein Eingabegerät, auf dem jedes Haushaltsmitglied einen Knopf drücken muss, sobald es den Blick auf das Fernsehgerät richtet. Man ist also auf die ständige und vor allem lückenlose Teilnahmebereitschaft der Probanden angewiesen. Anhand der Einschaltquoten, die Stunden später übermittelt werden, werden die künftigen Werbekosten ermittelt. Einschaltquoten werden also entgegen landläufiger Annahme eher nicht für die Zusammenstellung des Programms genutzt.

Wer fernsehen möchte, wählt aus dem Programmangebot seinen Favoriten, was oftmals die Wahl zwischen Pest und Cholera ist. Wer Sendung X schaut, tut das in vielen Fällen nur, weil gerade mal wieder nichts anderes seinen Geschmack trifft. Der Kunde wählt nicht das Optimum, sondern den Kompromiss, und fühlt sich nur als Bittsteller. In Brasilien funktioniert die Ermittlung der Einschaltquoten in Echtzeit. Das bedeutet: Hat eine Livesendung hohe Einschaltquoten, wird kurzerhand die Sendezeit verlängert. Bei niedrigen Quoten wird die Sendung vorzeitig beendet. Das ist Konsequenz im Sinne des Zuschauers.

Wie wird Sonntag gewählt? Auch Politbarometer sind in meinen Augen blanker Unsinn und folglich reine Zeitverschwendung, denn das, was bei Umfragen als Statement abgegeben wird, ist selten das, was auch gewählt wird, selbst wenn zwischen Umfrage und Kreuz nur zwei Minuten liegen. Geheim bleibt schließlich geheim. Bei jeder Wahl gibt es entsprechende Überraschungen, und noch nie hat sich ein Institut bei seinem Auftraggeber für seine falschen Voraussagen entschuldigt und aufs Honorar verzichtet.

Noch hanebüchener sind nach der Wahl die Kaffeesatzlesungen, wenn es um die Analyse von Wählerströmen geht: Wie viele Wähler konnte die Partei X von der Partei Y einkassieren? Ob eine Stimme von einer anderen Partei, einem Erstwähler oder einem ehemaligen Nichtwähler kommt, lässt sich nur erraten, nicht wissenschaftlich korrekt messen. Und somit auch nicht beweisen.

In äußerst komplizierten Verfahren (»multiple Regression«) werden Daten aus einzelnen Wahlbezirken mit denen der letzten Wahl verglichen und analysiert. Heraus kommen Zahlen, die nicht berücksichtigen, ob Wähler in den letzten vier Jahren neu hinzugezogen, weggezogen oder sogar gestorben sind. Und gerade die Wechselwähler, die ja hier in Zahlen dargestellt werden sollen, wissen oftmals gar nicht mehr, was sie vor vier Jahren eigentlich gewählt haben. Wer aufgrund dieser schwammigen und undurchsichtigen Zahlen Politik macht oder gemachte ändert, gehört meines Erachtens weder auf eine Regierungs- noch auf eine Oppositionsbank.

Da sind Kundenumfragen im Businessbereich schon einen Hauch aussagekräftiger, denn die lassen sich im Nachhinein zumindest mit den Unternehmensumsätzen abgleichen. Aber auch hier gilt es, Schwankungen größeren Ausmaßes einzuplanen. »Würden Sie dieses Produkt kaufen? Wie viel würden Sie dafür bezahlen?« Solche und ähnliche Fragen zielen darauf ab, Märkte und Erfolgsaussichten anhand von Kundenreaktionen zu bewerten. Im Zuge der Erstellung eines Businessplans werden solche Marktanalysen durchgeführt.

Warum? Weil der Geldgeber sie fordert, denn er möchte sich nicht allein auf seine eigene fachmännische Bewertung der Erfolgsaussichten verlassen. Er nutzt immer die Meinung der Masse als Referenz, aber auch als Entschuldigung, wenn er sich dieser Meinung anschließt und sich das Produkt am Ende doch als Flop erweist. Die Umfrageteilnehmer werden sich in diesem Fall aber nicht an den Verlusten des Geldgebers beteiligen. Die muss er dann wohl oder übel allein stemmen.

Darum sehe ich in Umfragen – insbesondere im Businessbereich – eher begrenztes Potenzial. Wenn zum Beispiel Kundenzufriedenheitsstudien den Bonus eines Autoverkäufers definieren, wird es schwierig, denn in der Regel ruft er den Kunden vorher an und bittet darum, alles mit »sehr gut« zu bewerten. Den Wert einer solchen Umfrage kann man sich schenken. Als noch größeres Risiko ist die Tatsache zu bewerten, dass man nicht etwas bewerten kann, was man nicht kennt. Und man wird auch nicht danach gefragt. Man fragt das Bekannte ab und erhält dafür die Bewertung oder die Antworten. Der Ansatz ist falsch. Die Lösung ist einfach: Zeit nehmen, Kunden fragen, reinhören, zuhören, verstehen – und nicht erwarten, dass der Kunde mit einer Lösung kommt.

Umfragen und Studien sollten immer hinterfragt werden. Gern werden sie auch so interpretiert, wie es gerade am besten in die eigene Argumentation passt. Ein Beispiel: Vor nicht allzu langer Zeit schwebte eine Meldung durch die Medien, die behauptete, dass die meisten CEOs Erstgeborene seien. Das suggeriert: Erstgeborene sind entweder intelligenter oder mit stärkeren Ellenbogen ausgestattet.

Versucht man, dieser Behauptung auf den Grund zu gehen, stößt man auf eine Umfrage der Managementberatung Vistage International aus dem Jahr 2007, in der 1.582 Vorstandsvorsitzende nach ihrer Rangfolge in der Familie befragt wurden. Das Ergebnis: 43 Prozent waren Erstgeborene, 33 Prozent Sandwichkinder und nur 23 Prozent waren das Nesthäkchen. Die erste Erkenntnis, die ich daraus abgeleitet habe: In 57 Prozent der CEO-produzierenden Familien hat es der Erstgeborene nicht auf den Vorstandssessel geschafft. Die zweite Erkenntnis: Wenn ich Einzelkind wäre, hätte ich bei der Umfrage »Erstgeborener« angekreuzt. Jedes vierte Kind in Deutschland ist Einzelkind. Über 50 Prozent der Familien haben nur ein Kind. »Everything is relative«: Das war schon zu Einsteins Zeiten eine weise Erkenntnis.

Studien und Vorhersagen dienen lediglich der groben Orientierung. Sie zeigen nicht Trends, sondern mögliche Trends. Auf ihren Ergebnissen allein sollten keine Entscheidungen beruhen, Fachverstand und Bauchgefühl sind da schon deutlich bessere Berater. Ad absurdum wurde die Vorhersageindustrie ausgerechnet von einem Kraken geführt: Paul aus Oberhausen sagte bei der Fußball-WM 2010 durch Zufall einige Spielausgänge korrekt voraus, und die statistikverliebte Welt lag dem Tintenfisch bewundernd zu seinen acht Füßen.

Wer Menschen befragt, kämpft stets auch gegen die Windmühlenflügel der Psychologie. Verbraucher können nicht immer mit Worten ausdrücken, was sie wollen, und deshalb wird oftmals nicht das produziert, was sie brauchen, sondern das, was die Marketingexperten ihnen schmackhaft machen. Kunden wollen nach dem 4K-Fernseher den 5K-Fernseher, gefolgt von dem 6K-Fernseher, immer gern einen Hunderter günstiger als den Vorgänger. Niemand fordert eine völlig neue Technologie, die das Fernsehgerät überflüssig macht.

Das Ende vom Lied: Unternehmen reiben sich auf in ihrem ständigen Bestreben, ein Produkt immer mehr zu perfektionieren. Soll heißen: scheinbar zu perfektionieren. Schauen wir nur auf die Kamera-, Smartphone- und Fernsehhersteller: Mehr und mehr Pixel und Megapixel sollen das produzierte Bild immer weiter verbessern. Die Grenzen des menschlichen Auges haben sie dabei längst hinter sich gelassen. »Habenwollen« ist das einzige Zugpferd der Käufer, die sich von Leistungszahlen blenden lassen (wollen).

Welches Produkt wünscht sich der Kunde? Hersteller können umweltfreundlichere Produkte anbieten oder den Nachfolger zum halben Preis. Kunden sagen bei Umfragen natürlich immer: »Ja, das wollen wir. Das würden wir kaufen.« Wenn das Produkt dann den Markt betritt, kauft es kaum jemand. Innovation wird zum Ladenhüter. Nicht einmal die vorher als garantierte Basis ins Auge gefasste Startzielgruppe erfüllt die Erwartungen. Wie hoch ist zum Beispiel der Anteil an Wasserstoff- oder Elektroautos bei Wählern oder Parteimitgliedern der Grünen im Vergleich zur Durchschnittsbevölkerung?

Künstliche Intelligenz: Entscheidung auf der Basis von Berechnungen

Gefühlt jede zweite aktuelle Schlagzeile beklagt, dass die Schere zwischen Arm und Reich immer weiter auseinandergeht. Ich behaupte: Arm und Reich waren sich noch nie so nah. Wie alles andere ist nämlich auch das nur eine Frage der Definition: Wer in Deutschland das Attribut »arm« trägt, gilt in vielen anderen Ländern als betucht.

Natürlich gibt es in unseren Breiten immer mehr Milliardäre und Multimilliardäre. Aber eine Aussage auf Ausnahmen aufzubauen, ist eine ziemlich schwache Form der Argumentation und entbehrt nicht einer gewissen Form von Polemik. Deutlich weiter auseinander war die Schere zum Beispiel bis ins 18. Jahrhundert: Damals gab es in jedem Bezirk einen Reichen (Kirche oder weltlicher Herrscher), eine extrem kleine Mittelschicht und eine riesige Basis armer Bauern, die von ihrer kargen Ernte auch noch den sogenannten Zehnt zu leisten hatten: 10 Prozent der Ernte musste in den Zehntscheunen abgeliefert werden. Wer nicht lieferte, weil er und seine Familie sonst verhungert wären, wurde exkommuniziert, was einem Ruin gleichkam. Alternativ musste der Bauer eine Zeit lang ins Gefängnis und stand folglich auf dem Hof als Arbeitskraft nicht zur Verfügung, was die Situation nur verschärfte.

Heute sind vor dem Gesetz alle gleich, zumindest auf dem Papier. Das ist ein Fortschritt der Menschlichkeit. Und weil wir uns zudem mehrheitlich auf den Ebenen von Moral, Ethik, Empathie und Achtsamkeit ständig weiterentwickeln, müssen wir auch in Bezug auf das Thema Digitalisierung kritische Stimmen ernst nehmen. Diese Stimmen vertreten diejenigen, die sich auf dem Weg in die digitale Zukunft zurückgelassen fühlen, diejenigen, die durch die Fortschritte auf dem Gebiet der künstlichen Intelligenz aller Voraussicht nach ihren Job verlieren werden. Hier zeigt sich schon heute die wahre Schere, die es künftig zu diskutieren gilt.

Dass Technologie, KI und Roboter uns Arbeit abnehmen werden, ist gut. Dass sie uns bezahlte Arbeit abnehmen, ist schlecht. Technologie ermöglicht uns, der Zukunft mit immer größeren Schritten entgegenzugehen. Vielleicht sollten wir mit Blick auf den sozialen Frieden kleinere Schritte wählen, indem wir erarbeitete Potenziale nicht immer ausschöpfen. Vielleicht sollten wir nicht nur den sozialen Frieden im Auge haben, sondern auch die soziale Perfektion, indem wir neue Technologien zum Einsatz bringen, die soziale Missstände nicht nur mildern, sondern gleich ganz beseitigen. Denn dann beseitigen wir im gleichen Atemzug auch die Ängste vor der Zukunft, die immer in Existenzängsten münden. Aus der Geschichte sollten wir gelernt haben, dass das Teuerste am Fortschritt immer der dadurch erzeugte Widerstand ist, der in Aufständen und Zerstörung gipfelt.

Maschinen lernen, den Menschen und sein komplexes Gehirn zu imitieren. Stellt sich die Frage, was wir von ihnen lernen können. Können Sie uns lehren, Fake News zu entlarven? Können sie unsere Kreativität imitieren? Kopieren sie uns, bis sie besser sind als wir selbst und wir selbst als Kopie enden, weil wir versuchen, ihre Perfektion zu imitieren? Gewähren wir ihnen Verantwortung und das Recht, selbstständig Regeln aufzustellen und Entscheidungen zu treffen? Oder behalten wir uns das letzte Wort immer vor, ohne Ausnahme? Werden wir ein Heer von Maschinenwächtern beschäftigen? Und werden alle künftigen Erfindungen nicht von Menschen, sondern von intelligenten Maschinen gedacht und gemacht?

Die Konsequenzen der künstlichen Intelligenz können wir uns schon heute vorstellen: Wenn Maschinengehirne Programmiersprachen lernen, können sie schneller und mit weniger Codezeilen programmieren. Und das Ganze auch noch absolut fehlerfrei. Der Programmierer schafft sich sozusagen selbst ab. Man kann es sich auch schönreden, indem man es anders formuliert: Der Programmierer ersetzt sich durch etwas Besseres.

Machine Learning erlauben wir, obwohl Hollywood uns schon oft genug gezeigt hat, dass die Maschinen die Herrschaft an sich reißen und die Menschheit am Ende vernichten. Frei nach dem Motto »Das Einzige, was stört, ist der Mensch«. Wir sind davon überzeugt, dass wir es besser können, dass wir die Kontrolle nicht verlieren. Aber wo sind die Grenzen künstlicher Intelligenz? Ist KI wie der Weltraum irgendwann unendlich? Kann eine Maschine Gefühle entwickeln und in der Folge menschlich handeln?

Menschen treffen Entscheidungen auf der Basis von Moral und Ethik. Wir kennen mehr als null und eins, mehr als Schwarz und Weiß. Unsere Grauzone ist unsere Stärke. Wir gehen deshalb nicht mit dem Kopf durch die Wand, sondern wahren die Political Correctness und halten uns an Tabus. Wir lassen Zweifel zu und sind bereit, noch einmal ganz von vorn zu denken. Werden Maschinen das jemals können?

Maschinen können heute schon malen, komponieren und Großmeister nicht nur im Schach, sondern auch im Go schlagen. Und sich gegenseitig im Roboterfußball. Der Nutzen dieser Fähigkeiten ist für die Menschheit bisher eher geringer Natur, auch wenn Suchmaschinen und Navigationssysteme zweifelsohne praktische Alltagshelfer sind, die niemand mehr hergeben möchte. Doch wann spuckt eine KI-gesteuerte Maschine die selbst entwickelten Baupläne für ein fliegendes Auto mit Solarantrieb aus? Oder die Formel für ein Allheilmittel gegen Krebs, Alzheimer, Parkinson oder Schnupfen?

Computerhirne sind vorerst nicht universal einsetzbar, was ihren Radius extrem einschränkt. Sie können nur Schach spielen. Oder nur Go. Oder nur Jeopardy. Und das alles nur drinnen. Draußen können wir sie erst gebrauchen, wenn sie wetterfest sind und Hindernisse überwinden können. Sie müssen dazu springen und schwimmen können und bedingungslos geländegängig sein. Roboter brauchen sozusagen eine artgerechte Haltung, und die beschränkt sich vorerst auf Innenräume, wo Druck und Temperatur passen müssen. Drinnen können sie arbeiten: in Fabrikhallen, in Laboren und anderswo. Allerdings scheitert ein Saugroboter auch nach 20 Jahren noch immer kolossal an einem Hochflorteppich. Und Ihre Treppe werden Sie auf absehbare Zeit weiterhin selbst reinigen müssen. Oder zumindest Ihr Dienstleister.

Es bleiben zu viele Fragen unbeantwortet: Wie reagiert ein Roboter, wenn er einen Auftrag erhält und es zur Erreichung des Ziels notwendig wird, sich gegen ein Abschalten zur Wehr zu setzen? Kann und darf ein Programm verhindern, dass man von ihm generierten Code, von ihm selbst programmierte Rechenwege, mitlesen oder auslesen kann? AI selbst kennt keine Grenzen. Es ist unsere Aufgabe, diese Grenzen zu definieren und zu programmieren. Wann künstliche Intelligenz in der Lage sein wird, Bedrohungspotenzial zu entwickeln, lässt sich unmöglich vorhersagen. Aber es lohnt sich jetzt schon, intensiv darüber nachzudenken.

Ich glaube, das grundlegende Problem in Bezug auf künstliche Intelligenz ist ein Zeitproblem: Wir versuchen, das Funktionsprinzip des menschlichen Gehirns in Algorithmen hineinzukopieren, lange bevor wir die Funktionsweise dieses Gehirns überhaupt entschlüsselt haben.

Sind wir noch zu retten? Wenn Wandel Wandel erzeugt

Ebenfalls nicht mehr zu entschlüsseln ist menschliches Verhalten. Es klingt paradox: Wir werden schlauer und schlauer, entwickeln uns von Tag zu Tag weiter und wählen trotzdem Trump und Brexit. Unsere Intelligenz sagt uns, dass wir enger zusammenwachsen müssen, um die Zukunft zu meistern. Doch wenn die Wahlurne ruft, entscheiden wir uns für das genaue Gegenteil.

Rund 9 Milliarden Euro zahlte Großbritannien jährlich auf das gemeinsame EU-Konto ein. 60 Milliarden Euro kostete der Brexit die Briten. Wie viel kostet die Wiedereinreise in fünf Jahren, wenn die Ratio sich auch außerhalb Londons durchgesetzt hat? Doch es geht längst nicht mehr nur um das liebe Geld: Schätzungen gehen von einem mittelfristigen Verlust von 800.000 bis 1 Million Arbeitsplätzen aus. Unternehmen und Banken drohen bereits offen mit der Übersiedlung aufs Festland. Wie viele Jahre bedingungsloses Grundeinkommen hätte man stattdessen versuchsweise finanzieren können? Wie viel kostet Trumps Mauer, die Mexiko von den USA fernhalten soll – und was kostet der schon jetzt absehbare Abriss?

Wenn wir die Gründe betrachten, warum diese beiden Worst-Case-Szenarios Realität wurden, filtern sich zwei ausschlaggebende heraus: Zum einen haben wir weltweit mehr Globalisierungsgegner als -befürworter. Das beweist einmal mehr: Eine Meinung hängt immer vom Informationsstand ab. Zum anderen wählen weder Politiker noch Wähler das, was für die Gesellschaft am besten ist, sondern immer das, was dem persönlichen Konto zugutekommt. Politiker fokussieren auf Wiederwahl, Wähler auf Geld. Das Portemonnaie macht in der Wahlkabine das Kreuz: Wer höhere Renten verspricht, hat gute Chancen, Sympathisanten in der ständig wachsenden Community der über 60-Jährigen zu sammeln; wer mehr Kindergeld und kostenlose Kitaplätze verspricht, sichert sich die Stimmen vieler Eltern. Wir Wähler tragen die Hauptschuld an der politischen Situation, denn mit dem Wahlzettel vor Augen schalten wir unsere Empathie und Intelligenz aus und unsere Triebe und Interessen ein.

Der Rechtsruck in Europa hat dieselben Ursachen. Zinspolitik, Flüchtlingskrise und Terror geben uns dann den Rest. Eins baut auf dem anderen auf, alles beeinflusst sich gegenseitig. Nach jedem Anschlag beschwören wir uns gegenseitig, dass der Terror unsere freiheitliche Lebensweise nicht zerstören darf, doch im Unterbewusstsein hat längst die Angst das Zepter übernommen. Taliban, Boko Haram, IS und unzählige kleine Splittergruppen ohne geläufige Namen: Sie sind die Verursacher der Flüchtlingskrise. Über Angst versuchen diese Organisationen, Globalisierung zu ersticken und der zukunftsorientierten Welt ihre archaischen Lebensmuster als einzige Alternative aufzuzwingen.

Globalisierungsgegner sind in meinen Augen Menschen, die noch nicht begriffen haben, dass Zukunft nur noch global funktionieren kann. Und dass man Globalisierung und Digitalisierung niemals mehr voneinander trennen kann. Vielleicht war das Internet zu Beginn nicht global gedacht, obwohl es das heute längst ist; das Smartphone hingegen wurde mit dem Ziel entwickelt, das damals bereits global agierende Internet noch umfassender und unabhängiger zu nutzen, was wiederum die technische Globalisierung in noch kürzerer Zeit noch weiter vorangetrieben hat.

Über Angst versuchen auch die Medien, sich Marktanteile zu sichern. Auf der Jagd nach Einschaltquoten und Auflagen haben sie – ob unfreiwillig oder nicht – die Populisten groß gemacht. Mehr als 90 Prozent aller Nachrichten sind Bad News, und nur mit Bad News lassen sich Leser und Zuschauer empören (»If it bleeds, it leads«). Als Trump Präsident wurde, lag die Arbeitslosenquote bei 6 Prozent. In Umfragen kurz vor der Wahl gingen die Probanden (und späteren Wähler) von einer gefühlten Quote von 32 Prozent aus. Es waren die Medien, die dieses falsche Gefühl geschürt hatten. Das Resultat: Immer mehr Menschen flüchteten zu Facebook, weil sie die dort vermittelten Nachrichten für glaubwürdiger hielten. Hier wurden sie allerdings bereits von anderen Manipulatoren erwartet.

Trump hat die Wahl gewonnen, denn er erkannte die Sorgen und Nöte der Wohlstandsverlierer und thematisierte sie geschickt. Genau das hatte das amerikanische Establishment nicht gesehen, weil es nicht auf die andere Seite gegangen ist. Wähler sind auch nichts anderes als Kunden, die eine bessere Welt wollen. Die Amerikaner haben also nicht Trump gewählt, um Trump zu wählen, sondern um alle anderen abzuwählen.

Mit dieser Protestnote haben sie sich allerdings keinen Gefallen getan. Amerika profitiert zurzeit nur noch von dem, was Trumps Vorgänger gesät haben und Trump als eigene Leistung verkauft. Seine Xenophobie, die sich in Mauern und Importzöllen genauso reflektiert wie in seinen fremdenfeindlichen Äußerungen gegenüber Muslimen und Latinos; seine vulgären Ausrutscher gegenüber Frauen und politischen Gegnern; sein destruktiver Rückzug aus zuvor mühsam vereinbarten globalen Abkommen: Amerika wird die Quittung für Trumps Sturm durch den Porzellanladen erst in einigen Jahren erhalten. Trumps Amtsnachfolger müssen dann die Scherben zusammenfegen– nicht nur in Amerika, sondern auch im Nahen Osten und überall dort, wo Trumps Politik des unkontrollierten Zorns und der Respektlosigkeit ihre Spuren hinterlassen hat.

Auch eine Nachricht wert: Die Medien haben Donald Trump Earned Media in Höhe von rund 2 Milliarden Dollar zukommen lassen. Das bedeutet, Inhalte dieser finanziellen Größenordnung wurden kostenlos veröffentlicht und verbreitet. Damit konnte Trump mehr verbuchen als die in der Rangliste nachfolgenden sechs Präsidentschaftskandidaten zusammen. Hoffen wir, dass die verantwortlichen Medien schnell aus ihrem Verhalten lernen. Ich habe diesbezüglich jetzt schon meine Zweifel.

Auch das ist ein Wandel im Wandel, der nicht vorauszusehen war: Digitalisierung sprengt Grenzen und bringt Menschen näher zusammen. Politik treibt sie wieder auseinander und baut neue, höhere Mauern.

Marktforschung und Clienting

Früher vertrauten Unternehmen den Marktforschern und ihren aufwendigen Studien. Heute betreibt man Marktforschung immer mehr in Eigenregie und konzentriert sich in erster Linie auf die Wünsche, die Kunden und User in Foren und anderen Onlinediskussionen äußern. Das ist kostenlose Marktforschung, die das Risiko der Fehlproduktion Richtung null befördert. Und es ist modernstes Clienting, denn es zielt unmittelbar auf die Erfüllung von Kundenwünschen.

Gleichzeitig respektiert ein Unternehmen damit den wachsenden Einfluss der Kundenmeinungen auf die Markenführung. Wenn Unternehmen Kunden nicht nur zuhören, sondern auch Kommunikationskanäle zur Verfügung stellen, die echten Dialog ermöglichen, werden Meinungen nicht mehr erforscht, sondern unmittelbar und in Echtzeit transportiert. Wertvoller können Daten nicht sein.

Warum Vorhersagen meistens falschliegen

In diesem Buch wird viel über Zukunftsszenarien spekuliert: autonomes Fahren, Raketenbasen in jeder Großstadt und das Ende der Plattformen, eingeleitet durch das Blockchain-Prinzip. Immer schon gab es Mahner und Warner, die mit ihren Weckrufen motivieren wollten, einen Trend nicht zu verpassen. Nur ganz selten sah die Zukunft dann tatsächlich so aus, wie sie Jahre vorher beschrieben worden war. Insbesondere Weiß- und Schwarzmalerei hat sich eigentlich nie bewahrheitet, denn der Boden der Tatsachen wurde bei diesen Prognosen allzu oft außer Acht gelassen.

Der in Frankfurt geborene Peter Thiel, der einst gemeinsam mit Elon Musk und Max Levchin den Onlinebezahldienst PayPal gründete und heute als Investor seine Brötchen verdient, hat die Diskrepanz zwischen Wunsch und Wirklichkeit ein wenig überzogen, aber durchaus treffend formuliert: »We wanted flying cars, instead we got 140 characters.«

Nicht alles, was wir uns erträumen können und was in Zukunft technisch möglich ist, wird kommen. Es gibt in dieser Gleichung immer noch die große Unbekannte, die alles verhindern kann, und das ist der Kunde. Gute wie schlechte Ideen scheitern schlicht und einfach, weil sie vom Kunden nicht angenommen werden. Dabei spielt es am Ende keine Rolle, ob wir schlechte Produkte als untauglich entlarven oder das Potenzial guter Produkte nicht erkennen.

Schalten wir den Fluxkompensator ein und reisen wir zurück ins Jahr 1996. Als McDonald's damals den Arch Deluxe, Flaggschiff einer neuen, anspruchsvolleren Burgerreihe, auf die Speisekarte setzte, um mehr Erwachsene in die Restaurants zu locken, machte man ein durchaus gutes Produkt mit falschem Marketing zu einem der größten Flops der Geschichte: Über 300 Millionen Dollar wurden in Forschung, Entwicklung, Produktion und einer Werbekampagne verbraten, die nicht auf die Zielgruppe »Kids« abzielte, sondern auf demografische Trends aufspringen wollte.

Eins wissen wir heute: Ein gescheitertes Produkt ist für die Welt manchmal besser als ein erfolgreiches. Doch warum scheitern Marktforschung, Umfragen, Erhebungen und Feldforschung? Ganz einfach: Auch die Experten, die Fragenkataloge entwerfen, sind Menschen mit eigenen Standpunkten und Vorurteilen.

Der zweite Grund ist noch offensichtlicher: Umfragen setzen immer voraus, dass der Fragende und der Antwortende die gleiche Sprache sprechen. Und genau das ist allzu oft nicht der Fall. Die Gewichtung einer Formulierung ist schließlich ausschlaggebend für eine Bewertung, und Interpretation hängt nicht selten vom Bildungsstand eines Probanden ab. Man sieht es sehr schön bei Amazon: Dort erhalten fantastische Produkte nur einen Stern, weil bei der Zustellung der Karton leicht beschädigt wurde.

Drittens: Eine repräsentative Umfrage ist leider nicht immer repräsentativ. Wenn Sie die falschen Leute befragen, kann das dazu führen, dass eine gute Idee wieder eingestampft wird oder ein Arch Deluxe Sie ruiniert.

Der vierte Faktor ist die Kundenmüdigkeit: Wie viele Mails erhalten Sie pro Tag, die um die Abgabe einer Bewertung oder Ihre Teilnahme an einer Zufriedenheitsumfrage buhlen? An wie vielen davon nehmen Sie tatsächlich teil? Erhöht es die Wahrscheinlichkeit, wenn Sie an der Verlosung eines iPhones oder eines Fachbuchs über Statistik und Marktforschung teilnehmen dürfen?

Die Zukunft des Netzwerks

»Die Facebook-Aktie geht bald durch die Decke«, hat Ihnen Ihr Investmentberater einst prophezeit. Heute werden deutlich leisere Töne angeschlagen, denn die politischen Scharmützel und Hate News haben dem Social Network ordentlich zugesetzt. Apple-Chef Tim Cook hat es offen ausgesprochen: »Mein Neffe soll nicht auf einem Social Network aktiv sein.« Der ehemalige Facebook-Topmanager Chamath Palihapitiya fand noch deutlichere Worte: »Wir haben Tools geschaffen, die die Struktur unserer Gesellschaft auseinanderreißen.« Und der erste Präsident von Facebook, Sean Parker, bezeichnete die Plattform unlängst als »eine soziale Bestätigungsmaschine, die Gott weiß was mit den Gehirnen unserer Kinder anrichtet«. Eine weitere Breitseite kam von Mark Zuckerbergs Exmentor Roger McNamee, dem Gründer des Risikokapitalgebers Elevation Partners, der viele Jahre Großinvestor bei Facebook war: »Dich wütend oder ängstlich zu machen – das ist gut für das Geschäft von Facebook, aber nicht für Nutzer oder die Menschen in den USA.«

Facebook macht süchtig. Wenn Kinder und Jugendliche stundenlang auf Handys starren, empfinden sie diese Form von globaler Kommunikation als Freiheit, obwohl es doch das genaue Gegenteil ist: eine völlig neue Form der Isolation. Aber ganz egal, welche Rolle Facebook künftig im Leben der Menschen spielen wird – die User haben längst verstanden, dass Netzwerkarbeit in allen Bereichen das System der Zukunft ist. Hat man früher ausschließlich auf das unternehmensinterne Know-how zurückgegriffen, holt man sich jetzt auch Informationen und Leistungen aus dem Netzwerk. Mitarbeiter werden deshalb künftig danach eingestellt und bewertet, mit wem sie vernetzt sind und welche Vorteile diese Beziehungen dem Unternehmen bieten.

Heiteres Beruferaten

Welche Berufe wird es bald nicht mehr geben? Die Liste, die von Fortschritt und Digitalisierung geschrieben wird, liest sich quer durch alle Schichten und Berufsfelder. Auf ihr finden sich nicht nur Berufe, in denen stumpfsinnige Arbeiten verrichtet werden müssen – Berufe, für die Digitalisierung also ein Segen ist –, sondern auch solche, die eher die Unterzeile Berufung tragen: Chirurg, Steuerberater, Banker, Pilot und Rechtsanwalt. Für das Heer der Verkäufer sehe ich ebenfalls weitreichende Konsequenzen – der Vertrieb wird als letzte heilige Kuh im digitalen Zeitalter geschlachtet.

Fortschritt verändert seit jeher Berufsbilder. Bereits die Industrialisierung hat Knochenarbeit durch Maschinenarbeit ersetzt und Handarbeit durch Fließbandproduktion. Schon damals gab es viele Menschen, die um ihren Broterwerb fürchteten. Früher galt: Der Beruf, den ich erlerne, ist auch der, der mich zeitlebens ernährt. Wandel galt damals als Vernichter, nicht als Chance und Aufforderung, etwas Neues zu wagen, ja wagen zu dürfen.

Gerade im Handwerk waren die Veränderungen einst so radikal, dass kaum Zeit zum Luftholen blieb: Berufe wie Wagner, Kupferstecher, Fasszieher, Böttcher, Haderlump, Laternenanzünder, Eissäger und Rosstäuscher sind in kurzer Zeit ausgestorben, und vor gar nicht allzu langer Zeit hat es auch die Schriftsetzer und die Schrankenwärter erwischt. Stenotypisten haben ihre letzte Zuflucht im Bundestag gefunden, und der technische Zeichner im Architekturbüro musste sein geliebtes Reißbrett längst durch ein CAD-Programm ersetzen.

Viele Berufe wurden einst von neuen Berufen zu Grabe getragen. Doch wer konnte vor 100 Jahren die Digitalisierung auch nur erahnen? Die letzten 20 Jahre waren für den Arbeitsmarkt ein wahrer Segen, denn unzählige Menschen fanden einen Arbeitsplatz in der IT-Branche – in einer Branche also, die es vorher gar nicht gab. Firmen brauchten Heerscharen von IT-Experten, um Serverschränke und Büros mit Hardware zu füllen, die von anderen neuen Berufen entwickelt und gebaut wurden. Neue Firmen, die irgendwas mit Computertechnologie am Hut hatten, brauchten natürlich auch Personal im Marketing, in der Buchhaltung, in der Personalabteilung und unzähligen anderen Bereichen.

Und heute? Wie sieht es aktuell mit der Schaffung von neuen Arbeitsplätzen aus? Viele haben mal wieder Angst und unterschätzen die Leistungsfähigkeit der Masse, aber seien wir ehrlich: Wer hätte sich vor 100 Jahren vorstellen können, dass es irgendwann einmal Berufe mit so fremden Bezeichnungen wie Webdesigner, Computerlinguist, App-Entwickler oder SEO-Experte geben würde? Heute gibt es Mechatroniker, Chemielaboranten, Content-Analysten, Milchtechnologen, Werkstoffprüfer, UIMA-Modeller, Hörakustiker und Zahntechniker. Wir können uns absolut sicher sein: Die aktuelle Liste der Berufe, die es früher nicht gab, ist deutlich kürzer als die der Berufe, die es heute noch gar nicht gibt.

Unser Beruf ist ein wichtiger Bestandteil unserer Identität, denn er weist uns eine gesellschaftliche Stellung zu. Doch erfüllt mich mein Beruf auch wirklich? Wenn nicht, bin ich deutlich empfänglicher für Stress, Burn-out und Unzufriedenheit, was sich alles auf das direkte Umfeld auswirkt.

Die alte Generation war noch bereit, einen Beruf zu wählen, der später eine Familie ernähren konnte. Da war Spaß an der Arbeit eher sekundär. Das zog sich durch alle Schichten: Viele entschieden sich für lebenslänglich hinter dem Postschalter, weil das als sicherer Arbeitsplatz galt und den eher Ängstlichen eine Zuflucht bot – ein Posten, bei dem man keine Entscheidungen treffen oder Eigeninitiative entwickeln musste. Und wer hat nicht alles Medizin oder Jura studiert, nur weil die Eltern entsprechenden Druck aufgebaut haben?! Spaß war auch dabei nur selten ein Wahlkriterium.

Die junge Generation legt heute deutlich mehr Wert auf Erfüllung, denn sie ist – vielleicht auch dank neuer Erziehungsmethoden – selbstständiger und selbstbewusster. Familienplanung kommt ihr erst in den Sinn, wenn irgendwann ein Gehalt generiert wird, das nach Erfüllung der eigenen Wünsche noch genügend Kleingeld für die Familienfinanzierung übrig lässt. Das ist für das Bevölkerungswachstum zwar nicht optimal, macht aber den Einzelnen langfristig vermutlich glücklicher.

Und ich denke sogar, dass die Digitalisierung uns dazu zwingt, diesem System zu folgen. Künftig wird es immer mehr Jobwechsel geben. Jobwechsel, die nicht durch wirtschaftliche Umstände aufgezwungen, sondern freiwillig vollzogen werden, weil man Hunger auf neue Herausforderungen hat oder weil man drohender Routine oder gar Langeweile entkommen möchte. Gründe für Richtungswechsel gab es schon immer, doch leider mangelte es allzu häufig an der Bereitschaft, den persönlichen Wandel auch zu vollziehen. Die uns eingepflanzte Angst vor dem Scheitern hielt uns meistens zurück.

Ich vermute, die Zukunft wird dem Projektarbeiter gehören. Der mit seiner Arbeit beginnt, wenn er ausgeschlafen ist. Der Pausen nicht nimmt, wenn eine pawlowsche Glocke läutet, sondern dann, wenn er sie braucht. Der eine Arbeit zu Ende bringt, auch wenn der Tag sich dann bis in die Nacht zieht. Die Zukunft gehört denjenigen, die sich viele Fähigkeiten selbst aneignen und ihre Karriere damit selbst steuern. Die sich Projekten dann anschließen, wenn sie deren Spaßfaktor bewertet und die dazugehörige Herausforderung erkannt haben. Die Zukunft gehört vor allem denjenigen, die ihr Know-how als Intrapreneure in die Unternehmen transferieren und damit Projekte zum Erfolg führen. Die Zukunft gehört aber auch endlich denjenigen, die zur Gestaltung der eigenen Zukunft die Initiative ergreifen, die in sich selbst investieren.

Noch heute wird ein Genie, das sich fünf Programmiersprachen und ebenso viele Skriptsprachen selbst beibringt, belächelt. Nicht belächelt, aber eingestellt wird, wer ein Informatikstudium mit mittelprächtigem Abschluss vorweisen kann. Vielleicht ist das viel diskutierte bedingungslose Grundeinkommen eine gute Basis, Millionen solcher Ein-Mann-Unternehmen zu generieren. Denn dann wird jedes Unternehmen von so viel Selbstmotivation angetrieben, dass uns fast schon angst und bange werden kann. Stellen Sie sich vor, dass das bedingungslose Grundeinkommen Menschen plötzlich unendlich viel Zeit zum Nachdenken bietet und Ideen in einer nie geahnten Fülle generiert, die den Ideenreichtum des Silicon Valley in den Schatten stellt.

Über die Zukunft wissen wir nicht allzu viel. Aber wir können sie uns schon ganz gut vorstellen. Sie wird zum Beispiel nicht mehr den Vermittlern gehören. Auch die Verkäufer werden künftig nur noch in Nischen gebraucht. Und wenn wir weitergoogeln oder selbst nachdenken, fallen uns noch viele weitere Berufe mit Museumspotenzial ein. Wir sollten heute schon unseren Kindern beibringen, dass Angst vor Neuem und Fremdem eine Eigenschaft der Verlierer ist. Das ist kinderleicht, denn Neugier ist Kindern angeboren. Wir dürfen diese Neugier ab heute nicht mehr ersticken, sondern müssen sie mit allen Mitteln fördern.

Kapitel 8: Strategen leben länger

Digitale Strategie: Feintuning für Weitsichtige – Must-have für Durchstarter

Ronald Reagan hat einmal den wunderschönen Satz gesagt: »Status quo is Latin for the mess we're in.« Nie war dieser Satz so wertvoll und wahr wie heute, denn noch nie war auf den Märkten so viel Aktivität, Chaos und Veränderung zu messen. Umschwung und Durcheinander sind noch relativ milde Charakterisierungen für das, was sich zurzeit auf den Märkten abspielt. Jedes Jahr werden wir den Status quo mehrfach neu bewerten müssen, um die Weichen für die kommenden Monate neu stellen zu können – zumindest diejenigen unter uns, die dann noch Teil des Marktes sind.

Wie sieht unser Lernprozess bis heute aus? Von der Jahrtausendwende bis heute haben wir uns ausnahmslos den Werbestrategen ausgeliefert. Das Allheilmittel lautete viele Jahre »Webseite«. Das Argument war immer dasselbe: Wer nicht im Internet gefunden wird, der existiert auch nicht. Nahezu jedes Unternehmen verfügt heute über eine Internetpräsenz, was zu der Annahme verleitet, die Digitalisierung des Unternehmens erfolgreich vollzogen zu haben. Dieser Irrtum holt viele heute ein.

Seit rund zehn Jahren haben die Agenturen eine neue Geldquelle entdeckt: Social Media. Das Argument klang irgendwie gleich: Wer nicht bei Facebook ist, der existiert auch nicht. Und wenn schon Social Media, dann doch bitte gleich richtig, also das volle Programm:

Twitter, Instagram, Pinterest, Google+, XING, LinkedIn. Wen habe ich in dieser langen Liste vergessen? Sinnhaftigkeit wurde nicht hinterfragt, denn das Motto war immer dasselbe: Teilnahme kann nie schaden.

Und so stellten zahlreiche Firmen eine Ganztagskraft ein oder stampften gleich eine komplette Abteilung aus dem Boden, die sich ausschließlich der ständigen Pflege der unzähligen Plattformen widmet. Die Angst geht um, dass man von der Kundschaft im Stich gelassen wird, wenn der Community nicht mindestens ein Lebenszeichen pro Woche gepostet wird. Ein bisschen Starkult, ein bisschen Brot und Spiele. Natürlich gehört eine Webseite heute zum Pflichtprogramm und zum guten Ton. Allerdings hat die dauersurfende Kundschaft mittlerweile ein gutes Auge dafür entwickelt, Baukastenbilligware vom High-End-Auftritt unterscheiden zu können. Auch heute noch vermittelt nichts mehr Kompetenz und Vertrauen als Hochwertigkeit. Und noch immer gilt: Wer Gewinne erzeugen möchte, muss vorher fleißig investieren.

Wollte man im Internet nicht nur präsent, sondern auch Marktteilnehmer sein, brauchte man einen Onlineshop. Ein paar Jahre ging das gut. Heute wissen wir: Wer zu klein ist, wird schnell Opfer seiner beschränkten Reichweite. Auch wenn das Internet ein globales Instrument ist, gilt der Grundsatz: Suchmaschinenoptimierer können nicht zaubern. SEO-Experten versprechen Ihnen einen Platz auf Seite eins von Google, obwohl die ganze Welt dorthin möchte und jeder einen Platz dort versprochen bekommt. Dabei gibt es dort nur zehn – und nur einen ersten. Das klingt ein bisschen wie das Versprechen der Schleuser, die Flüchtlingen einen Bootsplatz nach Deutschland anbieten und behaupten, dass jeder dort ein Haus erhält.

Onlineshops brauchen längst keine gute Google-Platzierung mehr. Es reicht ein schattiges Plätzchen in der hintersten Ecke von Amazon, denn dort finden alle Plätze gleich viel Beachtung. Willkommenes

Extra ist die Kundenfreundlichkeit: Jeff Bezos übernimmt nicht nur Organisation und Versand der Waren, sondern auch die Abrechnung. Das bedeutet: Amazon nimmt Ware anstandslos zurück und belastet im gleichen Atemzug das Händlerkonto. Das wiederum bedeutet: Der kleine Händler hat den Aufwand mit dem Hersteller oder dem Großhändler, während Amazon eine Fünf-Sterne-Bewertung für seine Kulanz einstreicht. Lukrative Abhängigkeiten haben nun einmal ihren Preis.

Doch Spitzenservice will bezahlt werden: Ein einziger Einkauf, und schon hat Amazon mehr Daten über uns abgespeichert als das örtliche Einwohnermeldeamt. Der kleine Händler im Hintergrund geht in puncto Kundendaten fast ebenso leer aus wie der Einzelhandel vor Ort. Alle dort gesammelten Daten fließen nicht in die Supermarktkasse, sondern bestenfalls auf die Server von Payback und DeutschlandCard. Ein effektives Kundenmanagement ist ohne Datenmanagement allerdings nicht möglich. Kunden sprechen im Einzelhandel eine Stunde mit einem Verkäufer, der hinterher alles über den Kunden weiß, ohne dieses Wissen irgendwo in Datenform abzuspeichern, um es irgendwann als Umsatzgenerator nutzen zu können.

Nur wer selbst Daten erfasst, hat auch die volle Kontrolle darüber – und über die dazugehörigen Kunden. Doch Kunden möchten nicht nur gezählt und durchleuchtet, sondern in erster Linie begeistert werden. Damit das gelingt, muss man sich davon verabschieden, lediglich den Status quo zu bewerten. Perspektiven müssen ebenfalls beleuchtet werden: Wo bin ich morgen? Wird meine Teilnahme am System noch gefragt sein? Wenn ja: weiter beobachten. Wenn nein oder wenn auch nur der Hauch eines Zweifels besteht: handeln.

Wo sind die Stellschrauben? Wie kann ich neue Technologien implementieren? Wohin wandelt sich der Markt? Wie ändern sich die Interessen nicht nur meiner Kunden, sondern auch der Kunden meiner Kunden und der Kunden anderer Dienstleister? Oftmals ziehen

Synergieeffekte Kunden aus mehreren Märkten gleichzeitig ab. Der Digitalkamera und dem iPhone ist dieses disruptive Kunststück gelungen. Andere Produkte, denen das gelingen wird, stehen schon in den Startlöchern.

Um es noch einmal deutlich zu sagen: Natürlich müssen wir heute auf einer breit aufgestellten Klaviatur spielen, um den Kunden zu erreichen. Damit meine ich Homepages, die nicht Besucher, sondern Kontakte und damit Leads generieren. Ihre Seite muss ein digitaler Verkäufer sein, der Ihre neue Strategie mit einer Topstory per Video auf den Punkt bringt. Und natürlich spielen heute Social Media eine wichtige Rolle. Aber das allein ist nicht die Digitalisierung, die auf uns weiter zurollt. Von vielen Ansätzen haben Sie in diesem Buch lesen können. Sagen Sie hinterher nicht, Sie wurden nicht rechtzeitig gewarnt.

Zeit zum Umdenken

Die Chancen von morgen können wir schon heute ergreifen. Wir müssen nur einsehen, dass wir die Zukunft nicht aufhalten können. Sie wird kommen, ganz gleich, wie sehr sich der Einzelne ihr auch entgegenstellt. In manchen Bereichen kommt sie später, als wir es uns wünschen: Wir warten zum Beispiel seit fast 20 Jahren auf das papierlose Büro. In anderen Bereichen kommt sie eher, als wir befürchten.

Sie muss auch kommen, weil sie das Leben nachhaltig verbessern wird. Hand aufs Herz: Kein Taxifahrer dieser Welt kann uns weismachen, dass ihn sein Job ausfüllt, dass Leidenschaft sein Antrieb ist. Er leistet auch keinen Beitrag zum Fortschritt oder zur Veränderung, es sei denn, er fährt zufällig einen Gründer zum Pitch. Wer von acht Stunden eines Arbeitstages fünf Stunden wartend am Taxistand im Nirgendwo verbringt, wo er die *Bild*-Zeitung vorwärts und rückwärts liest, kann kein glückliches Leben führen. Er vegetiert dahin und lässt 50 Prozent des möglichen Umsatzes auf der Straße liegen.

Uber bietet ihm die Chance seines Lebens, seine persönliche digitale Strategie. Die Chance, aus dem Hamsterrad auszubrechen und endlich sein eigener Chef zu werden, ist längst da. Uber reicht ihm dazu die Hand. Er muss sie nur noch mit einem Klick ergreifen. Stattdessen schlägt er sie empört weg mit der Begründung, dass diese Hand keinen Personenbeförderungsschein sehen möchte. Wenn Uber oder ein anderer, besserer Dienst sich irgendwann durchgesetzt hat, wird der Taxifahrer sich von da an jeden Morgen zwei *Bild*-Zeitungen kaufen müssen, um durch den Tag zu kommen.

Einerseits dürfen wir uns auf die Dinge freuen, die da kommen. Andererseits dürfen wir Technologie nicht nur umarmen, sondern müssen sie auch kritisch bewerten. Technik darf nicht bestimmen, wie wir morgen leben. Diesbezügliche Entscheidungen sollten wir uns unbedingt vorbehalten. Und wir sollten uns deshalb auch vorbehalten, das Tempo des Fortschritts zu bestimmen.

Was müssen Start-ups künftig beachten? Wettbewerb und Wettkampf kommen sich immer näher. Wer sich mit einer neuen Idee auf den Markt traut, muss mit Ungewissheit leben und vorab Fragen stellen, um Weichen stellen zu können: Wie groß kann meine Idee werden? Welche digitale Strategie ist die richtige? Stimmt mein Timing überhaupt? »Wer zu früh kommt, verliert viel Geld. Wer zu spät kommt, auch.« Es gibt leider allzu viele Beweise für diese Weisheit. Gemeinsam ist man stärker: Große, gestandene Organisationen müssen sich mit den neuen Strukturen der Start-ups vernetzen und sich von diesen in die Zukunft ziehen lassen.

Importnation Deutschland

Fast könnten wir neidisch werden: Das Internet ist ein Glücksfall für das Silicon Valley, denn Daten sind nahezu das einzige Produkt der Ideenschmieden – und Daten sind gleichzeitig das einzige Produkt, das kostenlos rund um den Globus transportiert werden kann. Alle anderen Hersteller müssen ausgeklügelte logistische Konzepte entwerfen, um die eigenen Produkte preislich möglichst gering zu belasten. Eine Exportnation wie Deutschland ist diesbezüglich ziemlich up to date.

Doch in einer stabilen Wirtschaft funktioniert kein Export ohne Import, und hier liegt das Problem: Nahezu alle digitalen Produkte, die wir nutzen, müssen wir importieren. USA und Asien sind uns auf diesem Feld haushoch überlegen. Und machen wir uns nichts vor: Vermutlich wird das auch so bleiben.

Aber dieses Manko ist kein Grund zur Sorge, denn trotz Digitalisierung ist die Offlinewelt nicht stehen geblieben. Unser Maschinen- und Anlagenbau ist gut gerüstet, weil keine App der Welt jemals Flaschen abfüllen, Tunnel bohren, Gase herstellen oder Reinraumtechnologien für die Halbleitertechnik entwickeln wird. Wir werden auch weiterhin eine Exportnation sein, auch wenn andere, die stärker werden, uns angreifen.

Parallel dazu müssen wir über neue Systeme nachdenken, die unsere Bilanzen auch weiterhin glänzen lassen. Der österreichische Nationalökonom Joseph Schumpeter hat bereits 1911 erkannt, dass Innovation und Imitation die Triebfedern der Wirtschaft sind. Er hat den von Karl Marx geprägten Begriff der schöpferischen Zerstörung in den Fokus seiner Konjunkturtheorie gestellt, und genau dieser Begriff erlebt heute unter dem Namen »Disruption« eine Renaissance. Innovationen sind die Veränderungen, auf die Markt und Wettbewerb reagieren müssen. Über diese Unordnung definiert sich die Idee des Kapitalismus, wie wir ihn heute kennen.

Nur wer Innovationen vorlegt, ist laut Schumpeter ein echter Unternehmer, weil nur echte Innovationen den Fortbestand des Unternehmens sichern können. Das können die zufälligen Entwicklungen, die sich ergeben, wenn man eifrig das Alte weiterpflegt, nicht im Entferntesten leisten. Das Prinzip der Gewinnmitnahme lehnt Schumpeter folglich ab, denn solche Geschäfte dienen ebenfalls nur der Absicherung des Status quo. Nicht Gier und Nutzenkalkül sind laut seiner Theorie die Motive eines echten Unternehmers, sondern der Siegeswille, der in erster Linie auf das Vorantreiben von Veränderung setzt.

Das Festhalten am Alten ist der Anfang vom Ende eines Unternehmens – und auch der Anfang vom Ende einer Wirtschaft. Wer schnell auf Innovationen reagieren muss, wird zu Investitionen gezwungen, die im laufenden Budget nicht kalkuliert waren. Wer diese Kosten dann im entscheidenden Moment nicht stemmen kann, verliert.

Dass Schumpeter mit seinen Thesen goldrichtig lag, beweist die ökonomische Entwicklung der Weltwirtschaft der vergangenen 100 Jahre. Und wenn wir genau hinschauen, müssen wir erkennen, dass auch schöpferische Zerstörung vor allem eins ist: Zerstörung.

Uber und Tesla mögen Blasen sein, die eines Tages platzen. Aber das kann den Fortschritt nicht aufhalten. Es kommen andere. Es kommen Unternehmer, die Innovationen durch bessere Innovationen ersetzen, weil sie aus Fehlern und Irrtümern ihrer Vorgänger lernen und nicht nur voller Hohn mit dem Finger auf sie zeigen. Wenn uns am Ende dieses Kunststück als Nation gelingen soll, müssen wir aufhören, nur das zu lernen, was andere vor uns gedacht haben. Wir müssen noch mehr eigene Gedanken entwickeln und vorantreiben, Gedanken, die im Kontext mit der Zukunft gedacht werden. Wenn wir genau hinschauen, werden wir erkennen, dass nahezu alle Erfolgsunternehmen von heute von Regelbrechern erdacht wurden. Welche Regeln lassen sich in Ihrer Branche brechen?

Disruption wird deutsch

Wer ist der schnellste Mensch der Welt? Usain Bolt natürlich, denn er hält den Weltrekord über 100 Meter, die er, wenn er es eilig hat, in unfassbaren 9,58 Sekunden zurücklegt. 2009 gelang ihm dieses Kunststück in Berlin, und seitdem war kein Mensch schneller. Um seine Erfolgsaussichten realistisch bewerten zu können, musste Usain Bolt 2009 kurz vor dem Start nur einen kurzen Blick auf die persönlichen Saisonbestzeiten der Gegner werfen.

Für Unternehmen gibt es solche eindeutigen Indikatoren nicht. Eine einzige Innovation eines Wettbewerbers, die über Monate oder Jahre entwickelt und perfektioniert wurde, kann die eigene Erfolgsgeschichte abrupt beenden.

Doch bleiben wir noch einen Moment beim Sport und werfen wir parallel einen Blick in die Bevölkerungsstatistik. In der weltweiten Rangliste nach Einwohnern liegen 18 Länder vor uns. In Relation zu unserer Einwohnerzahl sind wir aus sportlicher Perspektive das erfolgreichste Land der Welt. Wir stellen mehr Weltklassespieler in mehr sportlichen Disziplinen als alle anderen Länder. Warum sind wir in so vielen Sportarten so überragend? Warum schneiden wir in Pyeongchang ebenso überragend ab wie bei Fußballweltmeisterschaften? In Pyeongchang holten Brasilien und Argentinien keine einzige Medaille. Norwegen, in Pyeongchang nur einen Hauch vor uns auf Platz 1, konnte sich in der Geschichte lediglich drei Mal für eine Fußballweltmeisterschaft qualifizieren. Für uns ist seit 1954 alles außer Finale eine Enttäuschung.

Warum sind wir sportlich so erfolgreich? Weil wir gelernt haben, theoretische Schachzüge in der Praxis besser umzusetzen. Weil wir wissen, wie man einen Teil des Talents kompensieren kann. Das Geheimnis unseres Erfolgs liegt in unseren Trainingsmethoden: Wir vermitteln nicht nur Disziplin und Ehrgeiz, sondern bieten unseren Sportlern auch optimale Rahmenbedingungen. Und last, but not least übernehmen wir auch Analysemethoden aus der Businesswelt.

Was an deutschen Sporthochschulen gelehrt und geleistet wird, ist einzigartig. Wir nutzen wissenschaftliche Erkenntnisse zur Verbesserung des Leistungspotenzials und Kniffe aus der Psychologie zur Wettkampfmotivation. Wenn die deutsche Fußballnationalmannschaft zu einem Turnier reist, ist der Stab der Betreuer personell deutlich stärker besetzt als das Spielerkontingent. Alles, was zählt, ist die Konzentration der Spieler auf das nächste Spiel. Ballast wird über Bord geworfen, um maximale Höhen zu erreichen. Gehirne werden ebenso trainiert wie Körper. Gegner werden mit Technologien analysiert, die es noch nirgendwo zu kaufen gibt. Optimale Ernährung und ebensolche medizinische Betreuung sorgen dafür, dass die Spieler beim Anpfiff in absoluter Topform sind. Die logische Konsequenz: Deutsche Trainer sind weltweit in unzähligen Sportarten hoch begehrt.

Diese Perfektion zeichnet auch unsere Wirtschaft aus, denn unsere Ausbildungsmethoden sind nicht weniger ausgefeilt als die Trainingsmethoden unserer Spitzensportler. Deutsche Hochschulen und Universitäten sind Weltklasse, aber auch Weltklasse muss sich ständig verbessern, um konkurrenzfähig zu bleiben. Außerdem kann man natürlich auch über Sinn und Unsinn von Zulassungsbeschränkungen diskutieren und über das Festhalten an Lehrmethoden und Lehrplänen aus der Kaiserzeit, aber es geht hier in erster Linie darum, dass wir unser eigenes Potenzial bewerten, also das Maß der Effizienz, die durch Ausbildung erzeugt werden kann. Dieses Potenzial im Sinne von Fortschritt und Wettbewerbsfähigkeit zu optimieren und auszuschöpfen ist dann der nächste notwendige Schritt. Wichtig ist, dass wir Methoden entwickeln, nutzbares und verwertbares Wissen zu vermitteln, denn nur damit lassen sich Vorsprünge generieren.

Wissen: Was mache ich überhaupt damit? Warum lernen wir zum Beispiel in der Schule Rilkes *Panther* auswendig? Weil wir lernen müssen, Dinge zu analysieren, zu interpretieren, zu bewerten und zu verstehen. Das gelingt uns, wenn wir das Problem in- und auswendig kennen. Hier ist ein Nutzen erkennbar. Den sehe ich hingegen eher nicht beim Auswendiglernen von Geburts- und Todesdaten römischer Kaiser.

Wir müssen allerdings nicht nur über Inhalte sprechen, sondern auch über Lehrmethoden. Wie können wir das Lernen noch besser lehren? Sind Noten wirklich das Nonplusultra? Müssen wir wirklich unbedingt Schwächen fördern? Oder wäre es vielleicht besser, ausnahmslos Stärken zu fördern? Muss jeder über dasselbe Basiswissen verfügen, auch wenn man Teile davon regelrecht in die Köpfe hineinprügeln muss? Wäre es nicht besser, das System auf das Individuum zu optimieren statt auf Gleichschaltung der Masse? Muss ein Schüler wirklich wissen, wie viele Elektronen auf der Außenschale eines Lithiumatoms liegen, oder reicht es aus, wenn dieses Wissen einem Chemiestudenten vorbehalten bleibt? Wäre es sinnvoller, Englisch als einzige Fremdsprache zu vermitteln und statt weiterer Fremdsprachen lieber Programmiersprachen auf den Lehrplan zu setzen? Ich finde diesen Gedanken äußerst spannend, denn wenn alle Welt Englisch spricht, wird urplötzlich auch die Brückensprache Latein in der Wissenschaft obsolet, weil jeder Begriff plötzlich eindeutig ist.

Fazit: Das wichtigste und wertvollste Wissen ist immer das, auf dem man weiteres Denken und vielleicht sogar seine persönliche Zukunft aufbauen kann. Wer der Wirtschaft morgen bessere Köpfe zur Verfügung stellen möchte, muss seine Methoden ohne Wenn und Aber bereits heute an künftige Anforderungen anpassen. Auch so generiert man schließlich einen Vorsprung. Wer die Welt verändern möchte, muss auch bereit sein, sich selbst zu verändern. Diese Weisheit gilt nicht nur für Unternehmen, sondern auch für Bildungssysteme, politische Strukturen und Netzwerke. Alles, was gut ist, kann man noch besser machen. Eine gute Idee kann Unscheinbares in ein völlig neues Geschäftsmodell verwandeln.

Ich bin auch davon überzeugt, dass Wissen zu einem der nächsten großen Themen wird, um sich vom Wettbewerb abzuheben und für den Kunden einen neuen Nutzen zu schaffen. Denn es ist das Wissen, das dem Kunden hilft, selbst bessere Geschäfte zu machen oder selbst besser zu leben. Produkte allein können das gar nicht leisten. Wir sagen oft in unseren Strategieberatungen: »Tue Gutes und rede darüber.« Die meisten wissen »Gutes«, reden aber nicht darüber. Warum? Weil sie Angst haben, ihr Wissen preiszugeben.

Ein anschauliches Beispiel: »Mein erster Tag im Fitnessstudio, was tun?« ist ein YouTube-Video, das enorm oft abgerufen wurde. Inhaber von Fitnessstudios wären gar nicht auf die Idee gekommen, daraus ein Video zu erstellen, weil es für sie Alltag ist. Ein anderes Beispiel: Unser Kunde Mirko van den Bruck, ein Kieferorthopäde aus Wesel, hat das Video »Wie wird eine lose Zahnspange hergestellt?« produziert. Es wurde bis heute bereits über 1 Million Mal bei YouTube angeklickt.

Kunden möchten vom Wissen eines Unternehmens profitieren, damit sie nicht allein ihre Erfahrungen machen müssen. Es hört sich so einfach an, wie es auch ist: Schenke Wissen – gewinne Kunden. Gerade die digitale Welt bietet enorme Möglichkeiten, mit Onlineakademien, Webinaren und anderen Kommunikationsformen kreativ zu sein und Kunden zu generieren. Als Leiter einer Akademie kann ich das aus eigener Erfahrung bestätigen. Eine Akademie gilt heute als Meilenstein auf dem Weg zu einem börsennotierten Marktführer. Produkt, Service und Knowledge können, wenn sie optimal miteinander vernetzt werden, ein neues, disruptives Geschäftsmodell erschaffen.

Digitale Zeiten brauchen digitale Strategien

Wie können Unternehmen die bevorstehenden Herausforderungen meistern? Lässt sich der Weg in die Zukunft angesichts der Flut von Veränderungen überhaupt systematisch absichern? Eins ist sicher: Risikobewertung und Marktbeobachtung allein reichen nicht mehr aus. Nur wer Eintrittswahrscheinlichkeiten von Veränderungen exakt berechnen kann und bereits den passenden Notfallplan in der Schublade hat, wird seine Marktstellung behaupten oder sogar ausbauen können. In sieben Schritten können Sie sich strategisch neu erfinden:

Schritt 1: Standortbestimmung

- Wo steht Ihr Unternehmen heute im Vergleich zum Branchendurchschnitt?
- Wie definieren Sie Ihre aktuelle Kundenstrategie?
- Wie groß ist die Wahrscheinlichkeit, dass sich Ihre Zielgruppe in den nächsten fünf Jahren verändert?
- Was ist Ihre Interessengruppe der Zukunft?
- Wie bewerten Sie die Zukunftsfähigkeit Ihres aktuellen Geschäftsmodells?
- Welche Tendenzen sind auf Ihrem Markt zu erkennen? In welche Entwicklungsspirale drehen Sie sich jetzt schon hinein? Und ganz wichtig: Wie stark können Sie diese Veränderungen beeinflussen?

Schritt 2: Digitaler Wissensstand

- Wie steuert die Digitalisierung heute schon Ihr Unternehmen und die Kommunikation mit Ihren Kunden?
- Zeichnen sich diesbezüglich bereits heute Veränderungen ab?
- Wie hoch bewerten Sie den Digitalisierungsgrad Ihres Unternehmens?
- Sind Wettbewerber digital bereits weiter?

Schritt 3: Emotionalisierung

- Was sind die Kittelbrennfaktoren Ihrer Kunden aus Ihrer Sicht? Kennen Sie diesbezüglich die Standpunkte Ihrer Mitarbeiter, Partner und Kunden?
- Wie können Sie Ihre Mitarbeiter zu Trendscouts für Kittelbrennfaktoren Ihrer Kunden machen?
- Wie können Sie Ihre Mitarbeiter zum Querdenken beziehungsweise zum digitalen Denken motivieren?
- Was sind die wahren brennenden Probleme, Träume und Motive Ihrer Kunden?
- Gibt es ein Idealbild, wie der beste Kunde aussehen könnte?
- Wie können Sie eine innovative Unternehmenskultur schaffen, um das Potenzial Ihrer Mitarbeiter stärker einzubinden? Wie hoch ist diesbezüglich Ihre persönliche Bereitschaft, loszulassen und verändernde Ideen von innen und außen zu akzeptieren?

Schritt 4: Tellerrand

- Welche neuen analogen und digitalen Lösungen gibt es, die in anderen Branchen bereits eingesetzt werden und auch in Ihrem Unternehmen funktionieren könnten?

- Welche neuen Geschäftsmodelle gibt es auf dem Markt, die sich in abgewandelter Form auch für Ihre Branche oder Ihr Geschäftsmodell eignen könnten?

Schritt 5: Algorithmen

- Gibt es Arbeitsabläufe, Prozesse oder Kundenschnittstellen, die sich mithilfe der digitalen Technologien automatisieren lassen?

- Gibt es neue, kreative Ansätze, um den Kunden wesentlich schneller, flexibler und direkter zu erreichen und zu begeistern?

- Welche branchenüblichen Gesetzmäßigkeiten müssten Sie brechen, um neue, effektivere Wege zum Kunden zu finden?

Schritt 6: Regelbruch »disruptive Innovation«

- Wie lautet Ihre kreative Regelbrecherstrategie? Formulieren Sie sie schriftlich und nachvollziehbar, sodass sie von jedem Ihrer Mitarbeiter auch verstanden wird.

- Wie unterscheidet sich das neue Geschäftsmodell vom alten?

- Lässt sich die neue Strategie parallel zum Stammgeschäft implementieren?

- Welche Regeln brechen Sie und wie hoch bewerten Sie den finanziellen und zeitlichen Aufwand?

- Innovation braucht mehr als Kundenorientierung. Wie können Sie mit dieser Strategie Ihre Kunden neu verblüffen?

Schritt 7: Transformation

- Können Sie die Regelbrecherstrategie aus eigener Kraft umsetzen oder brauchen Sie Hilfe von außen?

- Wen müssen Sie ins Unternehmen holen, um in der Lage zu sein, die Strategie umzusetzen?

- Welche Meilensteine kennzeichnen Ihre neue Strategie?

Wenn Sie auf all diese Fragen eindeutige Antworten geliefert haben, sind die sieben Schritte vollzogen. In diesem Zug wird sich auch eine neue Unternehmenskultur entwickeln, die als konstante Innovationskultur das eigene Geschäftsmodell immer wieder hinterfragt. Mit einer digitalen Strategie werden auch neue Denkprozesse eingepflanzt, die in hohem Maße auf kundenorientierte Nutzengenerierung abzielen: aus Marketing wird Clienting.

Eine Strategie sollte immer dann geändert werden, wenn messbare Ergebnisse oder neue Marktkonstellationen diese Änderung rechtfertigen. Diese Weisheit galt zwar schon immer, doch war der Zwang zur Umsetzung bisher eher die Ausnahme. Schon morgen könnte sie allerdings zur neuen Businessregel werden.

Weil Erfolg messbar ist und Ausgaben und Einnahmen ebenfalls, sollte jedes Unternehmen – unabhängig vom Digitalisierungsgrad – seine Key-Performance-Indikatoren (KPI) im Auge behalten. Sie bilden die Grundlage für die Weichenstellung, denn sie zeigen die Entwicklung der Kennzahlen aus Sicht von Controlling und Marketing.

Das Problem: Es gibt heute in jedem Unternehmen so viele Kennzahlen, dass erst einmal bewertet werden muss, welche Zahlen auch tatsächlich Relevanz und Aussagekraft besitzen. Schließlich kostet auch das Sammeln von Daten Geld, ganz zu schweigen von den Kosten, die für die Analyse und die anschließende Kommunikation der ermittelten Werte aufgewendet werden müssen. Wer die falschen Daten sammelt, verschenkt einen Teil seines Gewinns. Ein intelligenter Selektionsprozess muss also die Spreu vom Weizen trennen.

Der neben dem Umsatz wichtigste KPI eines Unternehmens ist ohne Zweifel die Kundenzufriedenheit. Oder wie ich es lieber nenne: Kundenbegeisterung und Kundenverblüffung. Die lässt sich im Onlinebusiness wunderbar messen: Klickraten, Verweildauern, Absprungraten und Abbrüche im Bestellprozess lassen sich mit einfachen Analysetools exakt darstellen. Im Offlinebusiness hingegen ist der Aufwand deutlich höher, weshalb man sich dort auf weniger KPIs verständigen muss.

Aber was immer man auch messen kann und möchte: Ermittelte Kennzahlen müssen etwas auslösen. Wenn es lediglich um das Finden von Zahlen geht, manövriert man sich selbst in die Sinnlosigkeit. Außerdem sollte man nicht vergessen, dass es auch viele wichtige Qualitätskriterien gibt, die sich gar nicht mit Zahlen belegen lassen, wo allein die gefühlte Performance entscheidet. Wie bei Umfragen kommt es auch bei Kennzahlen immer darauf an, *wie* man zu einem Ergebnis kommt.

Bei einem Kundenprojekt im Automobilbereich konnte einer unserer Partner 8.000 (!) Leads generieren. Leider verschwanden sie ungenutzt in irgendeinem System. Ich kann so etwas nicht mehr nachvollziehen, aber es ist eine wahre Geschichte. Deshalb sprechen wir bei unseren Projekten heute nicht mehr von Consulting, sondern von Resulting. Wir begleiten nach der Strategieentwicklung unsere Kunden weitere sechs bis zwölf Monate und arbeiten gemeinsam an konkreten Ergebnissen. Und bisher lief noch kein Projekt genau so ab, wie es ursprünglich geplant wurde.

Plädoyer für kreative Ansätze – und für neues Denken

Ist Festanstellung noch eine gute Idee, wenn man das Maximum an Kreativität braucht? Oder ist die Zukunft die Sternstunde der Freelancer, der Experten, die nicht mit der Unternehmensbrille gesegnet sind? Wenn Sie Ihr Unternehmen mit Kreativität ausrüsten möchten, müssen Sie selbst kreativ denken. Und dabei auch immer Veränderungen in der Theorie durchspielen.

Stellen Sie sich dazu beispielsweise folgende Fragen: Wie würde ich mein Unternehmen heute aufbauen? Gäbe es bei mir überhaupt noch Führungskräfte und Manager? Wie gründe ich eine Abteilung, die sich ausnahmslos mit Angriffsstrategien auf mein aktuelles Geschäftsmodell beschäftigt? Ohne die richtigen Mitarbeiter sind sämtliche Denkansätze zum Scheitern verurteilt. Doch wie finden Sie eigentlich die richtigen Mitarbeiter? Und wie können Sie Bereitschaft zum kreativen Denken wecken? Wer heute noch Mitarbeitern ein Gehalt zahlt, damit sie eingefahrene Abläufe verwalten, wird nie den Sprung in die neue Welt schaffen. Start-ups haben die Zeichen der Zeit erkannt: Sie investieren nicht in Geschäftsmodelle, sondern ausnahmslos in Menschen.

Das Rad müssen Sie nicht neu erfinden, um innovativ zu sein. Aber Sie müssen den Kunden neu erfinden. Oder noch genauer die Zukunft des Kunden, die er selbst noch nicht kennt, aber mit Sicherheit haben will. Dafür müssen wir neu denken lernen. Warum nicht versuchen, sich selbst anzugreifen und ein neues Produkt zu entwickeln, das einen Bestseller aus dem eigenen Haus Richtung Bedeutungslosigkeit verdrängt? Apple hat es vorgemacht: Das iPhone hat den iPod in den erfolgreichsten Ladenhüter aller Zeiten verwandelt. Disrupt yourself!

Wenn Sie es gern radikal mögen und es sich leisten können, sollten Sie also nicht auf das Pferd »digitale Transformation« setzen, sondern Ihr Denken direkt auf Werkseinstellungen zurücksetzen und einen digitalen Neustart wagen. Das bedeutet, nicht wie bisher auf Sicht zu fliegen, sondern sich auch einmal auf völlig unbekanntes Terrain zu wagen. Mut ist Grundvoraussetzung dafür, Visionen in Wirklichkeiten zu verwandeln. Mut hat Kolumbus, Magellan, Marco Polo und Alexander von Humboldt Unsterblichkeit verliehen.

Nahezu alle Disruptoren, die wir heute wegen ihres Marktwerts bewundern, waren branchenfremd. Sie haben Neuland betreten und Risiken verdrängt. Ein kluger Kopf hat einmal gesagt: »Nicht alles, was gewagt wird, gelingt. Aber alles, was gelingt, wurde einmal gewagt.« Wir müssen begreifen, dass das Neue sich nicht mit den alten Instrumenten managen lässt. Deshalb sind neue Managementlehren wie Design Thinking so wertvoll.

Der Designer Jürgen R. Schmid hat es anschaulich formuliert: »Wir legen CDs auf Plattenspieler, statt einen neuen Ansatz zu wagen und die MP3-Datei zu erfinden.« Das kann natürlich nicht durch Druck auf den roten Knopf geschehen – es muss bis ins kleinste Detail durchdacht und vorbereitet werden, denn zu viel Neuerung ist manchmal auch für Mitarbeiter und Kunden ein bisschen zu viel.

Und dann droht ja immer noch die Zufriedenheitsfalle: Warum überhaupt eine digitale Strategie entwickeln, wenn Ball und Konjunktur rundlaufen? Wenn die Auftragsflut, die bewältigt werden will, gar keine Zeit für neue Pläne lässt? Wer bei einer Hochkonjunktur die möglichen Gewinne mitnehmen möchte, muss schließlich

Konzentration und Kraft auf die Ausreizung der Produktionskapazitäten richten. Doch man sollte heute nichts entscheiden, was man schon morgen bereuen könnte. Es hat sich schließlich längst herumgesprochen: Nie war Vorsorge so wichtig wie heute.

Neue Impulse für neue lukrative Geschäftsmodelle müssen auch von der Politik generiert werden. Wenn Banken gezwungen werden, den Fintechs Zugang zu ihren Schnittstellen zu gewähren, und wenn Kneipenwirte gezwungen werden, das Rauchen zu verbieten, warum kann dann nicht auch die Notwendigkeit eines Personenbeförderungsscheins neu hinterfragt werden?

Teils heiter, teils wolkig

Das Ende der Geschäftsmodelle ist der Anfang von etwas Neuem. Etwas, das größer, produktiver und vor allem kundenorientierter ist als das, was vergeht. Am Ende der Tagesthemen stellen sich folgende Fragen: Wie wird das Businesswetter von morgen? Auf welche Bedingungen müssen wir uns künftig einstellen? Kommt der Wind nur von vorn oder kommen wir vielleicht sogar in den Genuss von Rückenwind? Zeigen unsere Start-ups den alten Unternehmen wirklich, wie man im Regen tanzt?

Wir wissen es nicht. Aber eins wissen wir ganz sicher: Zeiten ändern sich. Und sie ändern sich zurzeit so rasant wie nie zuvor. Disruption ist Zerstörung durch Schöpfung und Veränderung in Vollendung, und Veränderung braucht nur eins: Bereitschaft. Ihr Erfolg liegt im Scheitern. Natürlich dem der anderen. Soll heißen: Wer Erfolg haben möchte, muss jemand anderem etwas wegnehmen. Ob das Marktanteile oder Mitarbeiter sind, spielt erst einmal überhaupt keine Rolle. Der Verlust des Konkurrenten stärkt den eigenen Mikrokosmos. Das sind alte Regeln, die selbst ein Regelbrecher niemals wird brechen können.

Es heißt, dass 40 Prozent der aktuellen Fortune 500 dort im Jahr 2030 nicht mehr gelistet sein werden. Werden auch Sie demnächst angegriffen? Oder wähnen Sie sich auf der Seite derer, die zum Angriff auf andere rüsten? Auf welcher Seite Sie auch stehen mögen: Handeln Sie jetzt. Denn ab morgen – und auch das ist eine Facette des Wandels – werden nicht die Letzten, sondern die Ersten die Ersten sein. Menschen neigen angesichts von Problemen dazu, die Dinge auf die lange Bank zu schieben. Und sie werden bekanntlich erst durch Schaden klug. Unternehmen sind da deutlich eher zum Handeln bereit, denn sie denken mehr logisch als ängstlich. Sie wissen, dass sie das Heft des Handelns selbst in die Hand nehmen müssen, während die meisten Menschen sich darauf verlassen, dass andere für sie denken und handeln.

Drei Erkenntnisse sollten Sie beim Aufbau Ihrer Strategie ganz besonders berücksichtigen:

- Technischer Fortschritt – und hier ganz besonders die Entwicklungen in den Bereichen Computertechnologie und künstliche Intelligenz – ist nicht auf soziale Entwicklungen übertragbar.
- Auch digitale Kunden wollen nicht unbedingt das Digitale, sondern in erster Linie Service, Transparenz, Nutzen und faire Behandlung. Mit digitalen Mitteln, wenn es erforderlich ist.
- Und last, but not least müssen gerade Unternehmen begreifen, dass man den Fortschritt nicht aufhalten darf, sondern ihn aktiv mitgestalten muss. Es bringt nichts, werktags um 18 Uhr oder am Wochenende die E-Mail-Server abzuschalten, denn im Rest der Welt laufen sie weiter. Innovation und Fortschritt können nur entstehen, wenn Kommunikation nahtlos ist.

Die Zukunft gleicht einer Reise mit dem Raumschiff *Enterprise*: Unsere Kreativität, unser positives Denken und unser Fortschrittswille bilden den Warp-Antrieb; unser Pessimismus und unsere Kritikfähigkeit sind die Protonentorpedos, mit denen wir die Meteoriten, die Stolpersteine auf dem Weg in die Zukunft, pulverisieren müssen, *bevor* wir mit ihnen kollidieren. »Der Weltraum. Unendliche Weiten«: Auch in der Realität gibt es längst keine Grenzen mehr. Dabei hat man uns doch bisher immer vorgebetet, dass das wirklich Neue nur an Grenzen entstehen kann und dass wir bereit sein müssen, diese Grenzen sogar zu überschreiten, um tatsächlich innovativ sein zu können. Malcolm X hat die Kraft der Kombination aus Kreativität und Bereitschaft bereits vor langer Zeit erkannt – und damit auch die Notwendigkeit und Sinnhaftigkeit einer detaillierten Strategie: »The future belongs to those who prepare for it today.«

Keiner gewinnt allein

Gäbe es Apple heute noch, wenn Karlheinz Brandenburg vom Fraunhofer-Institut in Erlangen nicht rechtzeitig das MP3-Format entwickelt hätte, das den Siegeszug des iPod und das geniale Musikvertriebskonzept von iTunes erst ermöglichte? Wir wissen es nicht. Wir wissen auch nicht, ob Apple-Geräte so schön und erfolgreich gewesen wären, wenn Chefdesigner Jonathan Ive sich nicht in die Designsprache von Dieter Rams verliebt hätte, der einst die Firma Braun aus Kronberg im Taunus zur weltweit anerkannten Ikone im Bereich Industriedesign machte.

Eins wissen wir aber mit Sicherheit: Keiner gewinnt allein. Wir alle brauchen an den Kreuzungen des Lebens Menschen, die uns im richtigen Moment Mut machen, uns inspirieren und uns wieder aufbauen, um uns dann in die richtige Richtung zu schubsen. Und wir brauchen Menschen, deren Ideen wir annehmen, übertragen und für unsere Zwecke optimieren. Ob diese Ideen von Mitarbeitern, Partnern oder Kunden stammen, spielt beim Lesen der Bilanz keine Rolle mehr.

Ausblick

Was werden Sie jetzt tun? Ziel dieses wahrscheinlich letzten Buches von mir ist es, Sie zu motivieren, neue Wege zu gehen und die Chancen der kommenden Welt zu nutzen. Aktuell kam gerade über alle News-Kanäle, dass Zalando 250 Marketingmitarbeiter entlässt und durch Algorithmen und künstliche Intelligenz ersetzt. Meinen Klassiker *Das Einzige, was stört, ist der Kunde – Clienting ersetzt Marketing* schrieb ich Anfang der Neunzigerjahre. Aber erst drei Jahre nach Erscheinen – es war fast vergessen – avancierte das Buch zum Bestseller, weil plötzlich alle den Kunden neu entdeckten. Über meine Social-Media-Community kamen die Posts herein: Endlich versteht man Clienting.

Auch wenn es einfach wäre, das zu bestätigen, geht es doch heute um mehr: nicht mehr nur darum, den Kunden mit neuen Ideen und Lösungen zu verblüffen, sondern um Ihre Zukunft – und ganz besonders um Ihr künftiges Geschäftsmodell. Und vielleicht sogar um Ihre Existenz in wenigen Jahren. Ich weiß nicht, wie Sie es handhaben, aber ich bestelle mittlerweile den gesamten täglichen Bedarf an Konsumgütern – von Rasierklingen über Zahnpasta bis zum Kontaktlinsenreiniger – bei Amazon. Ich habe Monate dafür gebraucht, aber es wurde mir so einfach gemacht, dass ich nicht mehr Nein sagen konnte.

Was ich sagen möchte, ist: Es kann dauern, bis ein Geschäft in den Grundfesten zerstört wird, aber dann geht es plötzlich ganz schnell. Die Amerikaner reden vom Tipping Point. Eine ganze Weile verläuft die Wachstumskurve ziemlich flach – und dann geht es in kürzester Zeit durch die Decke. Viele Geschäftsmodelle wird es innerhalb der nächsten Jahre treffen. Der Zeitpunkt ist nicht berechenbar, aber das Ende schon.

Ich schreibe das so eindringlich, weil ich Sie motivieren möchte, jetzt zu starten und alles infrage zu stellen. Die Uhr tickt. In diesem Buch finden Sie zahlreiche Beispiele für die neue Welt. Zugegeben, es sind sehr viele aus den USA, weil uns diese Topstorys fehlen. Ich hoffe, das wird sich ändern. Ändern müssen wir unsere Art zu denken. Digital denken will gelernt sein und man muss Menschen um sich herum haben, die es auch wollen und verstehen. Anderes Denken führt zu anderem Handeln – und das führt zu anderen Ergebnissen.

Auch wenn ich mich wiederhole: Legen Sie jetzt los, warten Sie nicht. Tappen Sie nicht in die Zufriedenheitsfalle. Jetzt können Sie zu den Pionieren einer neuen Geschäftswelt gehören, die zwar schon mächtig für Furore gesorgt hat, aber erst in Zukunft richtig Fahrt aufnehmen wird. Ich bin überzeugt: Die richtige Zukunftsstrategie, ob digital, disruptiv oder direkt, kann Marktpositionen sichern, ausbauen und sogar neue Märkte erschließen. Aber keiner gewinnt allein: Vernetzen Sie sich mit allen, die Ihnen helfen können, Erster im Kopf Ihres Kunden zu werden. Das Potenzial der neuen Geschäftsmodelle ist riesig, denn die meisten von ihnen sind noch gar nicht erfunden worden.

Ich wünsche Ihnen von ganzem Herzen viel Erfolg. Gehen Sie vorweg – dorthin, wo noch keiner vor Ihnen war. Brechen Sie die Regeln.

Abspann

Ich wollte dem Buch ursprünglich einen anderen Titel geben: *Schlaraffenland ist abgebrannt.* Dann fand ich das Wording nicht mehr so treffend, denn es beschreibt nicht den Kern meiner Idee. Eine kleine Änderung bringt es hingegen auf den Punkt: *Schlaraffenland ist neu entbrannt.* Ich wünsche Ihnen, dass Sie sich Ihr Schlaraffenland selbst schaffen.

Über den Autor

Der Business Neudenker und Zukunftsmotivator

Mit 35 Jahren Unternehmenserfahrung als Strategieberater, Top-Keynote Speaker und Bestsellerautor ist Edgar K. Geffroy für viele Unternehmer heute zum Maßstab für Kontinuität auf der einen Seite sowie Innovationskraft und Pioniergeist auf der anderen Seite geworden.

Der Erfinder des Clienting® zählt heute zu den erfolgreichsten Referenten und Vordenkern in Deutschland.

Geffroy hat ein ausgeprägtes Talent Menschen zu begeistern und für neue Wege zu motivieren. Seine Ideen und Impulse haben bis heute fast eine Million Menschen weltweit erreicht und zeugen von der Akzeptanz und Überzeugungskraft seiner Konzepte. Mit Leidenschaft motiviert und inspiriert Geffroy zu unternehmerischem Neudenken in der digitalen Welt.

Der Clienting® Gründer

In der Businesswelt sorgte er mit seinen Themen nicht nur einmal für Furore. Der »Service-Pionier« hat der gesamten Kundenorientierung bereits Anfang der Neunzigerjahre mit seiner Clienting® Strategie eine ganz eigene Note gegeben. Edgar K. Geffroy erfand Clienting®, eine moderne Kundenlehre, die die Beziehung zum Kunden in den Mittelpunkt stellt. Sie zu verblüffen und nicht nur zufriedenzustellen, das ist sein Antrieb.

Unser Geschäft ist es, zu helfen, damit unsere Kunden selbst bessere Geschäfte machen. Das ist der zentrale Satz seiner Clienting®-Strategie.

Der »Kunden-Pionier« hat mit der Entwicklung seiner Clienting®-Strategie bereits vor Jahren die heutigen Ansätze wie Customer Journey, Customer Experience und Customer Centricity vorweggenommen und damit die Wirtschaftswelt revolutioniert. Mit seinem Team entwickelt er Wachstumsstrategien in der digitalen Welt und setzt diese praktisch um.

Der Strategieberater

Langjährige unternehmerische Erfahrungen in verschiedene Branchen machen ihn zu einem gefragten Strategieberater. Geffroy setzt immer wieder neue Maßstäbe im Bereich Kundenorientierung und Veränderung durch den digitalen Wandel. Längst gilt er als Businessvordenker mit einem besonderen Gespür dafür, die Trends am Markt frühzeitig zu erkennen und zu nutzen. Unternehmer schätzen diese Begabung sehr und ziehen ihn zu Rate, wenn Neues gesucht, etabliert und nachhaltig in den Markt gebracht werden soll.

Edgar K. Geffroy entwickelt digitale Kunden- und Partnerstrategien zur Neupositionierung mit klaren Alleinstellungsmerkmalen. Dabei geht es um Zukunftsstrategien für Kunden die neues Wachstum in neuen Märkten ermöglichen. Bis heute hat Edgar Geffroy diverse Mittelständler aus mehr als 50 Branchen zu innovativen Verkaufsstrategien und digitalen Geschäftsmodellen beraten und mit seinem Team praktisch umgesetzt.

Der Business-Speaker

Über 3.800 Auftritte vor mehr als einer halben Mio. Menschen zeugen von der Akzeptanz seiner Konzepte. Keynote-Speaker Edgar K. Geffroy bleibt mit wachrüttelnde Botschaften und einer Top Performance im Kopf seiner Zuhörer. Mit einem wahren Feuerwerk an

Ideen für neue Wege motiviert er zu unternehmerischem Neudenken. Geffroy ist ein Verfechter des digitalen Wandels, wobei er den Menschen bewusst in den Mittelpunkt des Handelns stellt.

2012 erhielt der Keynote-Speaker den Business Vordenker Preis des Jahrzehnts der BEST of BEST Academy, Wien. Er zählt zu den 10 wichtigsten Business-Motivatoren (Wirtschaftswoche) und zu den 25 führenden Wirtschaftsrednern Deutschlands (GQ). 2007 wurde er in die German Speakers Hall of Fame® aufgenommen und trägt damit die höchste Auszeichnung der German Speakers Association. Für sein Lebenswerk erhielt er 2015 den »Grand prix d'excellence des conférenciers européens« vom Speakerportal »Vortragsredner.de«.

Der Vordenker als Bestsellerautor

Als Erfolgsautor revolutionierte Edgar K. Geffroy mit seinen Bestsellern die Welt von Unternehmern, Marketingverantwortlichen und Verkäufern. »Das Einzige, was stört, ist der Kunde« behauptete sich 100 Wochen in den Top-Ten-Listen. Bis heute hat der Bestsellerautor 29 Bücher geschrieben und mehr als 250.000 Bücher in 25 Ländern verkauft.

Sein Motto: »Die besten Gelegenheiten ergeben sich dann, wenn man die Grundregeln ändert« – zieht sich wie ein roter Faden durch alle seine Themen.

Kontakt

Geffroy GmbH
Großenbaumer Weg 5
40472 Düsseldorf
Tel: + 49 (0) 211 40 80 97 - 0
Fax: + 49 (0) 211 40 80 97 - 26
Email: team@geffroy.com
Website: www.geffroy.com

Clienting® Zukunftsstrategien – Digital, Disruptive, Direkt

Der Kern unseres Business ist es, Zukunftsstrategien für unsere Kunden zu entwickeln, die neues Wachstum in neuen Märkten ermöglichen. Ein weiterer wesentlicher Aspekt unserer Arbeit ist das Resulting. Darunter verstehen wir die Umsetzung der gemeinsamen Strategie über einen Zeitraum von mehreren Monaten. Damit können wir unsere Erfahrungen aus mehr als 100 Projekten mit einbringen.

Wir nutzen als Grundlage unsere Clienting® Strategie, die konsequent aus Kundensicht neue Lösungen sucht und findet. Die erfolgsorientierte Basis für diese Strategie ist die von Edgar K. Geffroy entwickelte Clienting®-Lehre. Diese einzigartige Beziehungslehre richtet sich stets nach den Bedürfnissen der Kunden und hilft Ihnen, sich klar vom Wettbewerb abzusetzen. Raus aus dem Denken in Produktwelten! Monopole schaffen, lösungsorientiert denken, die brennenden Probleme des Kunden identifizieren und die Träume des Kunden erfüllen. Starke Partner gewinnen und Netzwerke aufbauen. Das sind die Clienting®-Meilensteine auf dem direkten Weg zur persönlichen Umsatzmaximierung – mit Erfolgsgarantie. Dadurch wird es möglich, ein disruptives Geschäftsmodell zu entwickeln. Bisherige klassische Ansätze versagen oft, da der Kunde keine Vorstellungskraft hat für etwas, das es noch nicht gibt. Innovation ist für uns kein Selbstzweck sondern die Chance einen neuen Nutzen zu stiften, den der Kunde braucht aber noch nicht kennt.

Sprengkraft für zukünftige Geschäftsmodelle liegt in der rapide zunehmenden Digitalisierung. Dadurch verändert sich jede Kundenbeziehung dramatisch.

Wir definieren Digitalisierung so: Eine Kundenlösung zu schaffen, die ohne die digitale Welt nicht möglich gewesen wäre. So erklären sich bereits heute viele der erfolgreichsten Geschäftsmodelle. Auf der anderen Seite werden wir das Ende vieler Geschäftsmodelle erleben, die in der digitalen Welt keine Bedeutung mehr haben werden.

Neue Technologien wie Blockchain werden nach und nach mehrstufige Vertriebswege obsolet erscheinen lassen. Alle Mittler, auch Intermediäre genannt, werden gefordert sein, neue Wege zu gehen. Lieferanten müssen den direkten Weg zum Kunden finden. Die strategische Herausforderung wird der direkte Beziehungsaufbau sein. Drei und vielstufige Vertriebswege werden bald der Vergangenheit angehören.

Wir entwickeln mit unseren Kunden Beziehungsstrategien die über neue Servicekonzepte den direkten Dialog mit dem Kunden ermöglichen.

Die Clienting® Zukunftstrategie, gemeinsam mit dem Kunden entwickelt und umgesetzt, wird den drei zentralen Herausforderungen neuer Businesswelten gerecht: Digital, Disruptive und Direkt.

So schaffen wir die Basis für neues Wachstum und neue Kundenlösungen.

Unser Business – Fokus auf Erfolg!

Die Entwicklung einer Strategie ist für uns die zentrale Herausforderung bei der Umsetzung unserer Projekte. In unseren Beratungen sind wir immer wieder auf das gleiche Phänomen gestoßen. Es existiert praktisch kein Denken mit den Augen der Kunden. Das bedeutet zwangsläufig, dass es auch keine Kundenstrategie gibt. Wir reden hier ganz bewusst nicht über eine Produktstrategie, die aus unserer Sicht dauerhaft nicht zielführend sein kann. Spätestens dann, wenn Wettbewerber auftauchen, wird sich der Fokus auf das Produkt als Nachteil herausstellen.

Der Kunde will heute Lösungen und Nutzen, die sein Leben einfacher und schöner machen, und ist nicht an Produkten interessiert. Außer sie helfen dabei, das Ziel zu erreichen.

Ihre individuelle Strategie, die wir gemeinsam in einem Coaching entwickeln, ist die einzigartige Positionierung hinsichtlich Ihrer relevanten Zielgruppe und grenzt Sie deutlich vom Wettbewerb ab. Dabei sind disruptive Geschäftsmodelle die Herausforderung. Das Ziel ist die enormen digitalen Wachstumschancen für Ihr Unternehmen und Ihre Kunden zu nutzen und damit die digitale Transformation als eigenen Wachstumstreiber zu definieren.

Unser Team steht Ihnen auf Wunsch auch in unseren Resulting Projekt bei der Umsetzung der gemeinsamen Strategie zur Seite.

Sehen Sie auf unserer Website wie unsere Kunden völlig neue Wege mit uns gegangen sind und lassen Sie sich inspirieren. Von »disruptiven Innovationen« bis hin zu unserer »Resulting Strategie« bieten wir neue Denkanstöße. Von unserem Team produzierte Kundenfilme geben Ihnen Anregungen und neue Impulse für Ihr Business.

Nicht unsere Produkte oder Dienstleistungen stehen im Vordergrund, sondern der Nutzen für Sie.

Vertiefen Sie Ihre Ziele in gemeinsamen Coachings, Beratungen oder auch Resulting-Projekten!

Lenken Sie mit Geffroy–Vorträgen für Ihre Kunden oder Mitarbeiter den Blick auf eine andere Sichtweise und brechen eingefahrene Denkmuster auf!

Wie wär es mit einer eigenen Roadshow? Edgar K. Geffroy nimmt Ihr Produkt, Ihre Marke oder Ihr Unternehmen mit auf eine spannende Tour und ermöglicht so die persönliche Begegnung von Unternehmen und Zielgruppe.

Erfahren Sie in Strategieworkshops für Unternehmer und Seminaren wie disruptive Kundenlösungen in der digitalen Welt aussehen können! Umfangreiche Informationen und weitere Publikationen sowie Mitschnitte von Vorträgen und Veranstaltungen, Interviews und Videoproduktionen finden Sie auf unserer Website:

www.geffroy.com

Sie suchen eine bestimmte Information oder benötigen eine Beratung zu unseren Leistungen?

Dann sprechen Sie uns an!

Tel: + 49 (0) 211 40 80 97 - 0
Email: team@geffroy.com

Stichwortverzeichnis